高等教育玩具设计与制造专业系列教材

玩具设计概论

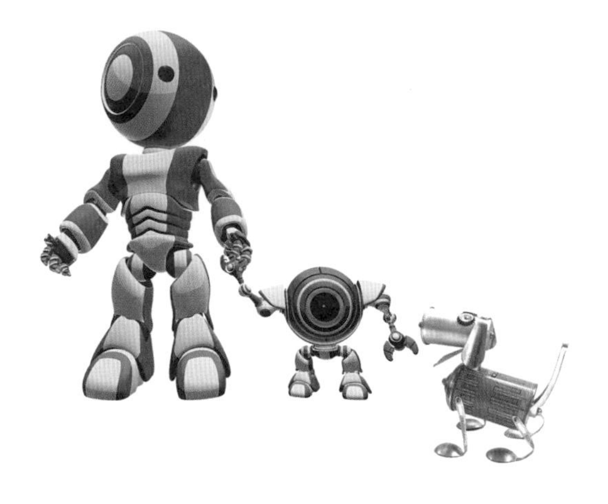

王振伟　赵永伟　编

中国轻工业出版社

图书在版编目（CIP）数据

玩具设计概论 / 王振伟，赵永伟编. —北京：
中国轻工业出版社，2024.8
高等教育玩具设计与制造专业系列规划教材
ISBN 978-7-5019-9187-7

Ⅰ. ①玩… Ⅱ. ①王… ②赵… Ⅲ. ①玩具—设计—
高等学校—教材 Ⅳ. ①TS958. 02

中国版本图书馆CIP数据核字（2013）第049060号

责任编辑：李建华　杜宇芳　　责任终审：劳国强　　整体设计：锋尚设计
策划编辑：李建华　　　　　　责任校对：晋　洁　　责任监印：张　可

出版发行：中国轻工业出版社（北京鲁谷东街5号，邮编：100040）
印　　刷：艺堂印刷（天津）有限公司
经　　销：各地新华书店
版　　次：2024年8月第1版第6次印刷
开　　本：787×1092　1/16　印张：9.5
字　　数：219千字
书　　号：ISBN 978-7-5019-9187-7　定价：48.00元
邮购电话：010-85119873
发行电话：010-85119832　010-85119912
网　　址：http://www.chlip.com.cn
Email：club@chlip.com.cn

241364J1C106ZBW

出版说明

玩具行业在我国近年来发展很快，目前中国是全球最大的玩具制造国和出口国。为了适应行业对技术人才和管理人才的需求，高等院校陆续开设了玩具设计等专业，但目前的招生量仍不能满足行业的需求。

2008年金融危机爆发，对我国的玩具行业影响很大，大批的出口创汇企业的生存发展面临困境，另一方面，它促使行业的有识之士更加重视企业的创新发展，开发有自主知识产权的产品，打出自己的品牌。因此，对玩具专业人才的培养也提出了更高的要求。

我国高等学校开设玩具专业的时间不长，而玩具专业教材几乎是一个空白。在高校，玩具专业是一个完全崭新的学科，对人才的培养方向各学校也都具有自己的特色。专业课程的教材都是用其他的专业书和自编讲义替代，与实际的课程要求相差较远。鉴于此，2008年4月，中国轻工业出版社邀请中国玩具协会、中国职业技术教育学会轻工科专业委员会、天津科技大学、番禺职业技术学院、孝感学院、怀化学院、广东轻工职业技术学院、湖南科技职业学院、苏州工艺美术职业技术学院、辽宁机电职业技术学院、北京电子科技职业学院、壹婷玩具培训中心等单位召开了“玩具设计与制造”专业教学研讨及教材建设会议，与会代表介绍了各自院校的教学课程设置、对教学特点进行了交流。对理论课程与实操相结合的一体化教学模式、实习基地建设、办学模式及教材开发等方面进行了热烈的讨论。针对玩具设计与制造专业方向多样性、教材缺乏、行业对人才的需求非常迫切等特点，一致认为当前急需编写一套适合高等教育的专业教材，以满足社会对人才培养的需要。在此会议上成立了教材编写委员会。2008年12月在广州广东轻工职业技术学院召开了教材大纲审定会，参加会议的学校和单位有番禺职业技术学院、浙江师范大学杭州幼儿师范学院、广东轻工职业技术学院、辽宁机电职业技术学院、孝感学院、长沙师范学校、西安数字技术学校、壹婷玩具培训中心、杭州力孚信息科技有限公司、中国轻工业出版社。编委会确定了编写的10余本教材，分别是《玩具设计概论》《玩具创意》《玩具设计表现技法Ⅱ——二维软件应用技术》《玩具设计表现技法Ⅲ——三维软件应用技术》《潮流玩具设计与制作工艺》《布绒玩具纸样设计技术》《玩具材料与成型工艺》《玩具安全标准与检测》《玩具包装设计》《玩具企业实用英语》《玩具CAD制图》《玩具模型制作》等。

本套系列教材是我国玩具专业教材建设的一次尝试，各参编学校给予了大力支持，参加编写的老师都付出了很大努力。现在正式出版了，大家的心里既兴奋也有几分忐忑，希望我们这套教材能够给玩具专业的师生和玩具爱好者一些有益的帮助，能够为玩具专业教材的发展和玩具行业的发展贡献一些力量。教材的编写是一项艰苦的工作，虽然编写者几经修改，但也难免有不妥之处，欢迎广大读者批评指正，以便教材再版时修订。

编委会

2010.4

编 委 会

前言

在我国高等院校艺术设计教育中，面对市场对玩具设计人才急缺的现状，有很多高校开办玩具设计专业，据笔者了解目前开设玩具设计专业（或方向）的高校有近30余所。为了促进国内玩具设计专业高等教育的发展，满足现阶段对于教学用书的迫切需求，以缓解目前玩具设计教材奇缺的现状，由中国轻工业出版社牵头，组建了玩具设计与制造专业教材编委会，来编写国内首套系列教材，本书就是系列教材之一。

本书共分为六章，第一章是绪论，主要阐述了玩具和设计的基本概念以及中国玩具的发展简史；第二章系统地介绍了玩具的分类及性能；第三章详细介绍了玩具设计现状、玩具设计与工业设计，玩具设计与动漫（游戏）设计，与科技、文化以及与艺术的关系；第四章讲述了玩具设计与玩具产业的关系，让读者认识到玩具设计在企业中的地位与作用、玩具产品的附加价值、玩具产业链概况和玩具设计管理以及玩具设计教育的现状；第五章重点介绍了玩具设计的方法以及程序，让读者掌握动态玩具、静态玩具的设计方法；第六章是玩具设计发展与展望，主要讲述了玩具设计中的市场需求、安全需求趋势、绿色设计等发展趋势。

本书由湖北工程学院美术与设计学院玩具设计专业教师王振伟、赵永伟两位教师负责编写，王振伟负责第一章、第三章、第四章第一节至第四节和第六章的编写。赵永伟老师负责第二章、第四章的第五节、第六节以及第五章的编写。全书由王振伟负责统稿。广州番禺职业技术学院的卢飞跃老师主审。

由于第一次编写玩具设计概论，参考资料不多，编著的难度很大，主要是编者水平有限，书中内容难免会出现错误，希望广大读者能够谅解。本书编写还有一个目的，是为了抛砖引玉，让更多的专家学者参与到玩具设计相关书籍的编写工作中来，为我国的玩具教育事业献力献策！

编者

2013.1

目录

第一章　绪论

第一节　玩具和设计的基本概念

一、玩具的概念

玩具，单纯地从字面的意思来理解就是用于游戏和玩耍的器具。它是儿童的伙伴，是儿童探寻人生和认识世界的第一本教科书。鲁迅先生曾说："玩具是儿童的天使"，在儿童的成长过程中玩具起着不可替代的作用。玩具对于人类潜能的挖掘和各种技能以及社会能力的培养也起着很重要的作用，是人类认识过去世界、现实世界以及建设新世界的成果与理想的具体化、形象化、简单化、通俗化的用具。在英文中描述玩具的单词有toy，plaything，knickknack，bauble。我国著名教育家、儿童教育专家陈鹤琴曾这样描述玩具："对玩具应作广义理解，它不是只限于街上卖的供儿童玩的东西，凡是儿童可以玩的、看的、听的和触摸的东西，都可以叫玩具。"

以前人们认为玩具是专供儿童玩的东西，但是现在随着人

们生活水平的提高和科学技术的发展，人们开始逐渐地从繁重的劳动中解放出来，在满足物质需求的同时对精神的需求也越来越多，娱乐的时间越来越多，娱乐的方式也越来越丰富，便形成了与有形玩具关联的无形文化和思潮、观念等。玩具已不仅仅是儿童的专利，它还应该惠及更多的人群，它不仅能让儿童变得更聪明，还要让青年人变得更机智、中年人变得更成熟、老年人变得更智慧。如图1-1至图1-3，适合不同年龄的玩具。

图1-1 儿童拼插玩具

图1-2 青年人的玩具

图1-3 老年人的玩具

二、设计的概念

对于设计一词我们并不陌生。在日常生活和工作中常常使用“设计”一词，例如我们经常听说，工业设计、家具设计、服装设计、室内设计、动画设计、广告设计甚至个人形象设计等。可以说设计在我们日常生活中无处不在，它已经渗透到社会生活的每个角落。设计的英文design一词从拉丁语designare而来，是“制图”“计划”的意思。在古代中国的文献中早已有了与之相对应的词义，《周礼·考工记》即有“设色之工，画、缋、锺、筐、慌”。此处“设”字，与拉丁语“designare”的词义“制图、计划”一致。而《管子·权修》中“一年之计莫如树木，终身之计莫如树人”，此“计”字也与用于解释“design”的“plan”一致。

由此可见，汉语“设计”与英语的“design”在本质上是一致的。从广义上而言，设计就是设想、运筹、计划和预算之意，它是人类特有的一种实践活动。它是把一种计划、规划、设想通过视觉的形式传达出来的活动过程。人类通过劳动改造世界、创造文明、创造物质财富和精神财富，而最基础、最主要的创造活动是造物，设计便是造物活动进行预先的计划，可以把任何造物活动的计划技术和计划过程理解为设计。它具有名词和动词的双重性：它避免了“工艺美术”“图案”“商业美术”等词语仅包含某种狭义含义的指向性；另一方面，它具有其他概念所不具有的动词和名词的统一特性。

设计包含着复杂而多样的科技内涵以及微妙而深远的人文价值。它是一种人类难以概括和描述的复杂行为和现象，人们很难使用指向性非常明确的词汇来形容它。所以我们认为“设计”一词具有典型的共性特征，而这种共性的相融显然具有学科上的合理性，只有这样才使得人们可以从更宏观也更基础的视角来研究设计的价值。

现代的设计概念是指综合社会、人类、经济、艺术、科技、心理和生理的各种因素，设计要反映批量化生产的和市场经济前提下的各种要求，要反映出消费者与生产者双方的利益与要求，是一项综合性的计划。或者说是为某种目的、功能汇集各部分的要素，并作整体效果考虑的一种创造性行为。

三、玩具设计的基本概念

玩具设计是一种使玩具产品获得真正品质的创造性活动。玩具设计不仅是构造玩具的外观，而且还要决定玩具的结构、功能与安全性，从而满足顾客的感官、思想与情感的特定需求，获得一种使消费者与生产者都满意的玩具产品。玩具设计是玩具制造过程中的关键环节，它实现了将原料的形态改变为具有（娱乐性、教育性、健身性、科技性、安全性）价值的形态。玩具设计师通过对人生理、心理、生活习惯等一切关于人的自然属性和社会属性的认知，进行玩具的功能、性能、形式、价格、使用环境的定位，结合材料、技术、结构、工艺、形态、色彩、表面处理、装饰、成本等因素，从社会的、经济的、技术的角度进行创意设计，在企业生产管理中保证设计质量实现的前提下，使玩具既是企业的产品、市场中的商品，又是消费者的用品，达到顾客需求和企业效益的完美统一。

随着人们生活水平的不断提高，物质生活得到改善的同时，人们对精神生活的要求也随之上升，以人为核心，能够激发人的主动性、积极性和创造性，促进人自由全面发展的产品越来越受欢迎。因此，现代玩具设计在深度和广度上也在不断发展。再加之现代玩具设计造型和风格千变万化，令人眼花缭乱，不再是简单的造型设计，因此，要正确、合理地理解玩具设计，我们必须重新从玩具的艺术性、功能性、情感性及其文化性等多层面全方位考察。

第二节 中国玩具发展简史

玩具的历史几乎与人类文明历史一样久远，自从有了人类，就开始了人造物的活动，人们在发明创造各种生产工具以满足社会发展需要的同时，也创造了劳动之余娱乐的玩具。

一、原始社会的时期

原始社会时期，随着人类认识能力的提高，生产技术的发展，人类爱美的本能开始得到表现，产生了玩具。

早在新石器时代，出现了磨制的石器并且发明了陶器，它是以适应农业生产为主的定居生活的需要而发展起来的，当人们积累了用火经验，了解到陶土具有可塑性和经烧制后具有一定硬度的特点后，陶器便应运而生，人们便制出适应各种用途的各种形状的陶器，包括各种各样的生活用具和生产工具和玩具等。

据1958年在西安半坡村仰韶文化遗址中发现了为数众多的

图1-4　石球与陶球

图1-5　陶球

儿童墓葬，随葬品有石球和陶球，这些陶球、石球都是当时狩猎业的重要工具——投打弹丸（图1-4）。湖北京山屈家岭遗址，天门石家河遗址（约公元前3000—公元前2600年）都有陶球出土，这些陶球，还有刻画、篦点、戳印以及各种图案纹饰（图1-5）。这些美丽的陶球，非是打猎弹丸，应属玩具更为明显。这些古老的弹丸，也就是今天儿童所玩玻璃弹子的鼻祖。

新石器时代湖北石家河文化也出土许多陶制和玉制玩具，陶制玩具以灰陶为主，红陶次之。湖北石家沙文化出土的玩具以各种陶塑小动物、陶人和瓮棺中出土的玉器最有特色。人抱鱼陶偶是石家河文化中较为常见的陶塑品，如图1-6所示，比较集中地出土于天门邓家湾遗址之中。陶人神态端庄，多为坐姿或跪姿，双手横抱一鱼。人抱鱼造型一方面反映了石家河文化渔猎经济的存在，同时也说明，玩具的创作与人们的生活密不可分，它是人们生活的一部分。

图1-6　陶人抱鱼

二、奴隶社会时期

到了奴隶社会时期，随着社会文化建设的发展和生产技术水平的提高，原始社会阶段的一些文化和生活用品，如生产工具、原始宗教的用具等在当时的一些特定环境条件下逐渐演化为玩具意义上的器具。重要的表现有两方面：一方面是制作材料的改变和发展，即在原来的陶土工艺基础上发展到了青铜工艺和玉石工艺的阶段；另一方面是玩具题材的丰富和变化，如在殷商时代出土的陶制玩具中，其造型已远不止球形，而是出现了很多以家禽、家畜及人物为造型的玩具。

图1-7　石人

商代的雕刻工艺非常发达，有石雕、玉雕、牙骨雕类玩具，数不胜数。

在殷墟曾发现各种大理石雕刻的玩具，多为圆雕，有坐人、虎首人身怪兽、虎、牛、鸱鸮、鹭鸶、蝉、蛙等，手法简朴，形象传神。例如，1976年河南殷墟妇好墓出土了一件商代后期的石人，现藏中国历史博物馆。石人石质，白色，稍有风化，双手抚膝坐，脸形瘦长，粗眉大眼，高颧骨，大鼻，双唇突出，发向后束，裸体，腹部垂“蔽膝”，推测为男性奴隶形象，如图1-7所示。

图1-8　玉人

在河南殷墟商代妇好墓出土了大量玉制玩具，有玉凤、玉虎、玉鹅、玉鹤、玉鸮、玉怪鸟、玉象、玉龙、玉立人柄形器、玉扳指、玉锌、玉斧等。

图1-8所示是一件在商代妇好墓出土的和田玉圆雕玉人，高7cm，宽3.5cm。双手抚膝跪坐，长脸尖颔，细长眉，臣字形眼平视前方，大鼻小嘴，方形耳。头梳长辫一条，辫从右耳侧往上盘头顶一周，由左耳侧伸向右耳侧，辫梢与辫尾相接。头上戴圆箍形“頍”（一种发饰），用以束发。頍前连卷筒状饰，身穿交领长袍，下缘长至足踝，衣袖窄长至腕，腰束宽带，腹前悬长“蔽膝”，后腰部近左侧佩一卷云状宽柄器。衣饰、发型的雕琢一丝不苟。其神态倨傲，衣着上乘，应是商代贵族形象。

三、封建社会玩具发展状况

1. 春秋战国时期

春秋战国时期各诸侯国之间不断进行兼并战争，是一个大动荡、大变革的时代。在经济上，由于冶铁技术的出现，手工业、农业得到了发展；在思想和文化上，诸子蜂起、百家争鸣的局面形成，在玩具领域里，金属、陶瓷、漆器类玩具等都有了较大的发展，产生了很多在玩具史上有影响的作品，其想象之丰富，造型之优美，技术之精湛，真是开一代新风。

战国时期出现了一种玉连环，成为民间至今流行的“巧环”玩具的前身，而其中最著名的就是同类型玩具——九连环，相传它是根据古代贵重腹地机关门锁的原理改进过来，且流传千年而不衰，曾征服了古今中外无数爱好者，是中华民族传统文化中的一颗璀璨的明珠。连环类智力玩具的魅力在于它的神秘性、挑战性和品种的多样性。具有较强的趣味性，有助于启迪人们的智慧，并对开发智力很有益处。这种玩具在15世纪流传至国外，至今英文为Chinese Ring（中国环），堪称是人类玩具发明的精妙之作，如图1-9所示。

战国时期还出现了拨浪鼓。拨浪鼓的主体是一面小鼓，两侧缀有两枚弹丸，鼓下有柄，转动鼓柄弹丸甩动击鼓发声。鼓身可以是木制的也可以是竹制的，还有用泥、硬纸制成的；鼓面用羊皮、牛皮、蛇皮或纸制成，其中以木身羊皮面的拨浪鼓最为典型，如图1-10所示。

2. 秦汉时期

秦王嬴政先后灭掉六国，于公元前221年完成了统一大业，建立了一个强大的中央集权的封建国家。其在统治期间，修筑了

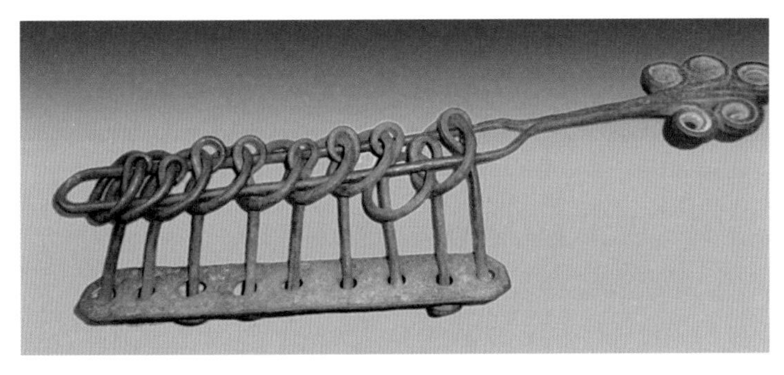
图1-9 九连环

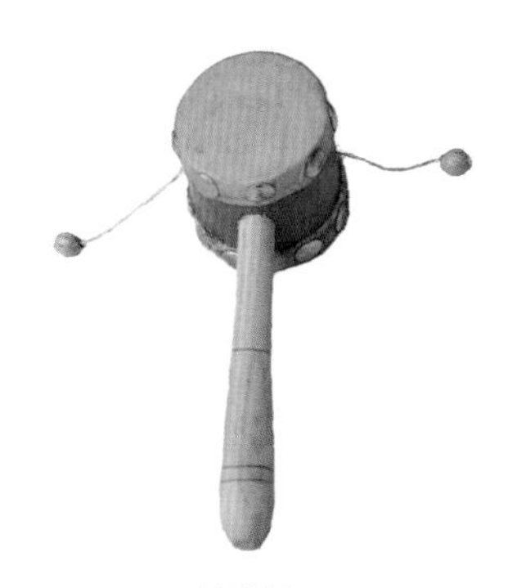
图1-10 拨浪鼓

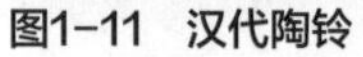

图1-11　汉代陶铃

图1-12　汉代泥玩具

举世闻名的万里长城，修筑非常豪华的宫殿和坟墓。这种集权的政治制度，反映在工艺生产上则表现为工艺生产的统一性和巨大规模。由于秦朝政治严酷，导致了仅存在了短短的14年，秦王朝如同昙花一现，遗留下的玩具自然不多。

汉代是中国历史上一个强大兴盛而又统一的辉煌时代，也是民间玩具第一次呈现全面发展的时代，铜制、漆制、陶瓷制和泥制等玩具的制作工艺都达到了较高的艺术水平，具有各自不同的艺术特色。

安宁临泾人王符曾在《潜夫论·浮侈篇》描述了有人取好土做“弹丸”“泥车瓦狗”“马骑倡俳”等儿童玩具出售。这说明，东汉时期的泥玩具、陶玩具已比较普遍。从考古工作者所发现的大量汉代的“泥车瓦狗”“马骑倡俳”之类儿童玩具的实物中，可以看出当时模制工艺与捏塑工艺的水平均已达到相当精致的程度。

陶铃，有内核，摇动可以听到悦耳的响声，是古代的儿童玩具，也是汉代陶器中的精美之作，如图1-11所示，直径58mm，长约70mm，保存完好，非常难得。

汉代是玩具行业发展成型的一个比较重要的时期，这段时期除了泥玩具以外（图1-12），还出现了其他类型流传更广、更久的玩具，这些玩具更重要的意义是其鲜明的主题和丰富的文化内涵，对后世文化、科技产生了巨大的影响，其中最典型的有风筝、棋类玩具等（图1-13、图1-14）。

最早的风筝是春秋时期巧匠鲁班制造出来的，当时的风筝是用木或竹制成的，汉代发明纸以后，就改用纸做，叫“纸鸢”。风筝作为定翼飞行器，是世界上最早的重于空气的飞行器，本质上风筝的飞行原理和现代飞机很相似，通过绳子的拉力，使其与空气产生相对运动，从而获得向上的升力。在一些国家的博物馆中至今还展示有中国风筝，如美国国家博物馆中一块牌子醒目地写着：“世界上最早的飞行器是中国的风筝和火箭。”英国博物馆也把中国的风筝称之为“中国的第五大发明”。据史料记载，中国的风筝大约在14世纪传入欧洲，这对后来的滑翔机和飞机的发明有着重要的作用。

汉代棋类玩具——围棋，作为一种玩具已经非常流行，它是以锻炼头脑、益智为目的，成为当时最受欢迎的游戏玩具之一。在我国传统文化的包含孕育中，“棋”类玩具逐渐增加了更多的人文内涵，人们从中寻找到了哲学、历史等更为博大精深的人文规律，这对后来世界文化特别是东方世界文化产生了深远的影响。

3. 隋唐时期

隋代虽只有短短的20多年时间，但在完成统一大业之后，社会生产得到了较大的发展，为唐代经济文化的繁荣打下了基础。唐代在300年左右的历史中，经历了“贞观之治”和“开元之治”两个高度发展阶段，所以自初唐到盛唐的100多年间，经济和文化都得到了很大的发展，特别是在开元、天宝年间，国家社会经济出现了空前繁荣的景象。在此基础上，工商业日趋繁盛，商业空前兴旺，手工业生产水平不断提高，使商品种类

图1-13 风筝

图1-14 围棋

日益丰富。

玩具行业当然也因此达到了一定的发展高度，主要表现为艺术风格鲜明，制作精美，折射出一种发达文明下人们才具备的豁达气度和鲜活的创造力。现如今流传下来的唐代玩具有很多是釉陶玩偶，题材以人物、动物、生活用品道具为主，与之前相比，无论是制作还是艺术风格都已相当高超。

人们常说盛唐以肥为美，这一点从唐代的儿童玩具狗中也能得到证实。唐代的玩具狗（图1-15），容仪体态都是饱满、丰腴、健壮，充满了精神与肌肉的力量，这与唐代前后时期的玩具相比，明显不同。更有意思的是，在唐代和宋代的玩具中，有一批高发髻极似奥运吉祥物福娃的玩具，可见当时人们的审美观念与现在的人已经十分接近（图1-16）。

图1-15　玩具狗

图1-16　“唐三彩”陶俑

4. 宋元时期

宋代的政治、军事都不尽如人意，但是它的文化、玩具艺术却得到了较好的发展。宋代和唐代一样都属于玩具发展的全盛时期，特别是北宋时期，中原经济大发展，宋朝市场交换的地域和时间不再为官方规定限制，从而使商业活动有了更广泛的活动余地，出现了异常活跃的局面。这时期玩具发展的特征，表现为有了更多各种不同材料玩具的开发创造。

在宋代泥玩具有了重大的发展，出现以制作泥玩具为业的民间艺人，泥玩具成为商品，城镇市场上出现了专售泥玩具的货摊、货担。从古籍文献记载可以推知宋代的主要泥玩具是磨喝乐（图1-17）与黄胖。

宋代制瓷空前发达，从一定意义上也影响了当时的玩具生产。除以陶瓷的玩具为主之外，竹木材料的玩具、蜡质玩具等也有较大的发展。如当时出现了专供小朋友玩耍的宋代瓷玩具，如图1-18所示。

宋代是中国古代科学技术发展的高峰期，沈括是最重要的代表人物。指南针、印刷术和火药是闻名于世的三大发明，宋代科技的发展也为玩具的发展起到了促进作用。

图1-17 磨喝乐

图1-18 宋代瓷玩具

图1-19 爆竹

宋代由于火药的发明开始出现用纸张包裹火药的爆竹（图1-19），并制成鞭炮，周密在《武林旧事》中曾经提到西湖少年竞放爆竹的事情。

走马灯（图1-20）也产生于宋代，它是利用热空气上升作为动力，主要是利用内部蜡烛的热空气动力作用于上部“螺旋桨”，从而带动灯可旋转部分。其基本原理与16世纪在欧洲出现的汽轮机、燃气轮机相同，可见玩具虽小却意义非凡。

总的来说，我国宋代时期的玩具品种丰富远超过以往的种类数目，在南宋《梦粱录》中记载了当时非常多的民间流行玩具。

元代的手工业在不断的征战中，最初也没有什么大的发展，但随着不断的征战和掠夺，元代贵族获得大量的工艺品和工匠，这样为元代的玩具发展奠定了基础，元代最重要的特征是玩具的题材受当时盛行的“元杂剧”故事情节的影响（图1-21）。

5. 明清时期

明代算得上是我国历史上又一个强盛的时代。明初采取了一系列措施，奖励开垦，兴修水利，减免赋役，恢复和发展经济，同时在经济与

文化方面也扩大了与海外的交流，这样使得明代的手工业有了较快的发展

自明代开始，玩具的发展成就主要是真正意义上玩具行业的兴起，出现了专门的玩具作坊和销售商铺。从经济学概念来讲，玩具产业在明代才出现了较明确的生产和销售一条龙的产业化经营，这是产业化的形成标志。

例如，明代的苏州虎丘就是规模宏大、热闹非凡的民间工艺品市场。民间玩具在虎丘市场的诸多商品中占有重要的位置，被称为“虎丘耍货”。

当时社会对玩具已经有了概念认同。明代流传下来的玩具以陶瓷器居多，而从各种文献、绘画资料当中我们也能发现当时玩具的繁盛，除了一些用传统材料(泥土、竹木、蜡、食物原料等)制作以外，值得一提的是明末刘侗所著的《帝京景物略》中所提到的“倒掖气”，如图1-22所示，其制作材料是玻璃，将玻璃制作成细颈瓶状，瓶底极薄，用嘴吹吸空气引起底部震颤发出声响，“倒掖气”由玻璃液吹制而成，上部细长的空管连通下部的葫芦状薄壳，外平面极薄，噙在口中吹、吸，气流带动薄壳的外平面振动，发出“咯嘣、咯嘣”的响声，所以人们叫它琉璃咯嘣儿。

清王朝在其统治长达300年的时间内，工艺美术在各方面得到了较大的发展。玩具也在清代发展到了高峰阶段，无论是行业生产、技术品种、风格艺术都呈现出集以往之大成的面貌，玩具产品在题材上既继承传统又受到了当时西方国家的影响，如当时比较时兴的“西洋镜”就是

图1-20 盘龙走马灯

图1-21 元杂剧陶俑

图1-22 琉璃咯嘣儿

图1-23 清代捏塑小像

图1-24 空竹

图1-25 八音盒

一项新的玩具类型，而其他传统类型的玩具诸如泥偶、布偶、竹木类玩具则在形式上大为扩展，就题材而言主要还是与民俗活动密切关联。

塑真也叫“捏塑”或“捏相”，即按照真人捏塑小像。明代晚期有著名艺人王竹林工于塑作；清代初期这一特殊工艺得到继承与发扬，至康、乾两朝盛极一时，达到高峰，塑真作品载誉天下，如图1-23所示。在清代，抖空竹（图1-24）已发展成为受人欢迎的杂技节目。杂技艺人们在原有花样的基础上，又创作出许多新的花样和高难技巧。表演时与优美的舞姿和动听的伴奏音乐融为一体，更提高了人们的审美情趣。

6. 近现代的玩具发展状况

近现代的玩具发展状况，从时间上来说主要是指从1840年鸦片战争到1949年中华人民共和国成立这一段历史时期。自鸦片战争后，随着中国国门逐渐被打开，更多的西方玩具传入中国，如八音盒、西洋棋等，如图1-25、图1-26所示。由此，我国玩具的演变在原来传统的基础上受到了外来文化较深远的影响。

经过两个世纪的发展，玩具被赋予的儿童天性和艺术性格基本确定了下来，“艺术玩具”逐渐兴起，以20世纪初世界设计最前沿的包豪斯学院为代表的人员设计出了造型简洁、形线优美的玩具作品，比较著名的有包豪斯积木、西洋棋和陀螺。

改革开放以后，广东沿海等地区的经济得到了飞速的发展，这些地区也成为我国玩具的主要生产地。国家把玩具作为促进婴幼儿、儿童少年身心健康成长，德、

图1-26　西洋棋

图1-27　高科技机器人

智、体、美、劳全面发展，培养一代新人、提高民族素质的重要工具。为此，国家的有关部门还召开过专门的工作会议，研究制订了发展规划和改革措施。例如，原轻工业部在“七五”期间，将玩具产品列为全国轻工业重点发展的拳头产品之一。再如，中国儿童少年基金会和经贸委安全生产局等机构于2000年5月在深圳召开的以“中国儿童少年安康成长计划论坛”为主题的专门会议上，把玩具作为实现儿童少年安康成长计划的内容之一。由此可见，国家对玩具产业的发展也给予了足够的重视。

21世纪以来，科学技术的飞速发展给今天的我们带来了更多的娱乐形式，而玩具的类型、形式、概念都不断变化，机械、智能、高精尖技术在玩具上都有所体现，而玩具也从原本最基础的消遣、娱乐发展到人文关怀等更深层次的领域，从而起到了心理调节、娱乐大众、协调社会的重要作用。在现代设计中设计师应该高度重视产品的情感性，摒弃玩具呆板的感觉，在产品中注入生命的活力，来舒缓人们在一定程度上的精神压力，如图1-27、图1-28所示。

图1-28　爆眼熊猫

第二章 玩具的分类及性能

第一节 玩具的分类

随着经济的发展以及社会的进步，如今玩具的题材已经非常广泛，可以涉及自然界中存在和任意想象的一切，而且日新月异，层出不穷，因此一直难以有一个统一的分类标准或界定方法。通常是从不同的角度，如材料、消费对象、功能和用途等对玩具进行分类。

一、按玩具的材料分类

根据玩具所使用的材料不同，玩具可分为如下几种。

1. 金属玩具

主要有铁制玩具、铜制玩具、合金制玩具等，这类玩具现在主要用于制作模型和收藏品。例如仿真的赛车玩具（图2-1）、机器人玩具（图2-2）等。

图2-1　金属赛车玩具

2. 木制玩具

以竹、木为原料制作的玩具，如图2-3所示。通常有积木玩具（图2-4）、玩具车、棋类玩具、拼装玩具等。木制玩具的种类非常多，目前在浙江省云和县生产的木制玩具就有上万种。木制玩具的种类由不同的分类方法可以分为很多种。

（1）根据消费群体的年龄，可分为儿童玩具和成人玩具，如图2-5所示。

（2）根据玩具的主要功能，可分为智力玩具和娱乐玩具。

（3）根据玩具的体积，可分为大型、小型或微型玩具。

（4）根据玩具是否上色，可分为“清水”玩具和“浑水”玩具。

图2-2　金属机器人玩具

图2-3　竹制玩具车

图2-4　积木玩具

图2-5　儿童木制玩具

图2-6 动物木制玩具

图2-7 毛绒玩具熊

（5）根据玩具的外形和结构，可分为整装玩具、拼装玩具等，如房子类、车船类、动物类（图2-6）、水果类等木制玩具。

3. 布绒玩具

布绒玩具是用羊毛绒、化纤绒、棉布、化纤布、毛巾等面料经过裁剪、缝纫、填充而成的软性玩具，也称填充玩具。它属于静态玩具之一，主要有动物玩具（图2-7）、卡通人物玩具等（图2-8）。

图2-8 卡通人物玩具

4. 塑料玩具

塑料玩具是以搪胶、橡胶、丙烯腈-丁二烯-苯乙烯共聚物（ABS）、聚氯乙烯（PVC）等为主要原料制作的玩具，如图2-9所示。由于塑料材料的低成本和成型工艺相对简易，塑料玩具已取代过去的绝大部分铁皮玩具。主要包括充气玩具、搪胶玩具、大型户外游乐玩具以及各种组合玩具等，如图2-10所示。

图2-9 塑料玩具车

图2-10 大型户外游乐玩具

5. 其他材料的玩具

除了我们上述讲的金属玩具、木制玩具、布绒玩具、塑料玩具以外，还有玻璃玩具、陶瓷玩具（图2-11）、石制玩具、纸质玩具（图2-12）、泥制玩具等，这些玩具相对数量较少，在市场上很少见。

图2-11 陶瓷玩具

图2-12 纸质玩具

二、按玩具消费对象的年龄分类

根据不同的玩具消费对象，玩具可分为如下几种。

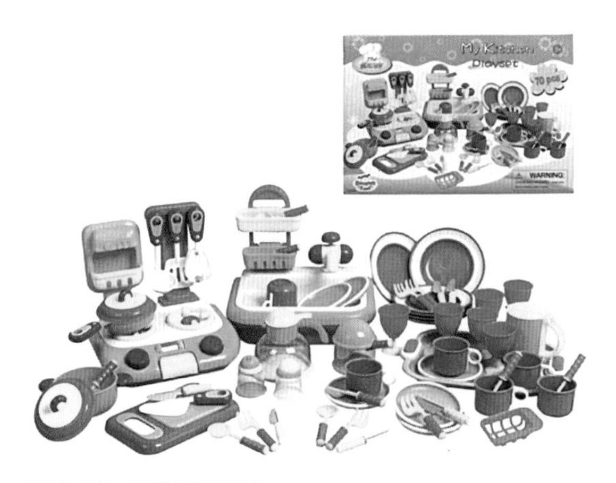

图2-13 幻彩厨房玩具

图2-14 小小建筑师积木玩具

图2-15 模型场景玩具

1. 婴幼儿玩具

它是指1～3岁儿童的玩具。这个时期的孩子心理和行为有了极其重大的变化和发展，主要体现在：儿童学会了随意的独立行走，手脚相对比较灵活；语言也开始发展，可以和别人交流；对事物充满了好奇心，开始有意识地进行简单的模仿。

婴幼儿玩具主要有温馨音乐床铃玩具、花篮沙漏玩具、水果香味识字卡玩具、幻彩厨房玩具（图2-13）、小小建筑师积木玩具（图2-14）等。色彩鲜艳的玩具和可以发声音的玩具刺激婴幼儿视觉神经和听觉神经的发育，动手互动性的玩具可以增进孩子之间的交流以及培养他们动手的兴趣。

2. 少儿玩具

它是指4～8岁的儿童玩具。这个时期的孩子由于身心各个方面的发展，初步产生了参与游戏的愿望，喜欢在游戏中扮演日常生活中的各种角色，同时能够简单地完成一些日常生活活动，如穿衣、吃饭等，不过这个时期的儿童不能有意识地控制自己的行为，很容易受到外界新鲜事物的干扰和吸引。

少儿的玩具如模型场景玩具（图2-15）、大型户外娱乐玩具、家具模型玩具、赛车玩具、时装娃娃玩具（图2-16）。在游戏的过程中会提高儿童认知能力、分析能力、空间想象力、观察能力以及精细的动手操作能力，从而加深儿童对时间、动物、交通工具、不同的人物角色、房屋的形状、颜色等方面知识的理解。

图2-16 时装娃娃玩具

图2-17 整蛊玩具

3. 青少年玩具

它的主要消费对象是中小学生。在小学阶段，儿童初步掌握了语言和简单的逻辑思维能力，但是比较弱，也有意识地参加集体活动，分享其中的快乐。中学阶段，儿童的语言表达能力加强，抽象逻辑思维能力发展迅速，日常生活变得独立自主，不再需要家长的帮助，开始维护自己的权利和隐私，对于事物的喜欢，表达比较明显，比较情绪化，时有偏激。

青少年的玩具如整蛊玩具（图2-17）、恐怖玩具（图2-18）、玩偶、礼品玩具、车模玩具（图2-19）、游戏机等。在玩的过程中自己的能力得到了承认和肯定，或被同伴们尊重，使得孩子更有兴趣和信心去琢磨和研究，不仅让他们掌握了常识性的知识，而且对专业知识有了初步的了解。

图2-18 恐怖玩具

图2-19 车模玩具

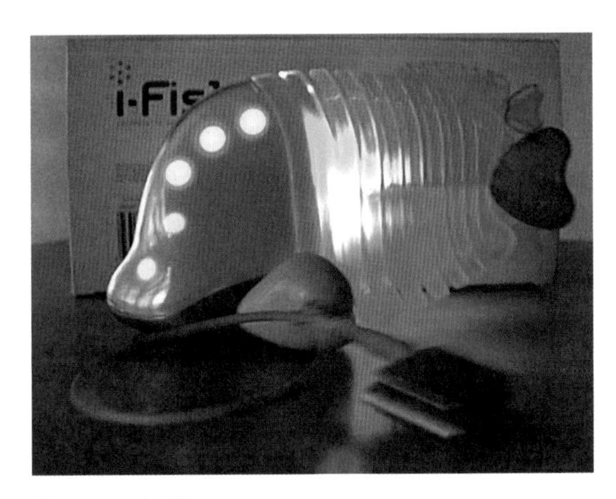

图2-20 音乐鱼

图2-21 卡通靠垫

图2-22 航模

4. 成人玩具

成人玩具主要用于成年人消遣、娱乐、收藏、减压等。如今，玩具不再是儿童的专利。欧美发达国家的成人玩具销售额占玩具总销售额的60%。日本成年人中84%的人拥有至少一个玩具。在国内，也悄然兴起了一种新的休闲娱乐方式，在闲暇时独自玩玩智力玩具或约上三五友人玩玩桌游玩具。这是一种时尚、一种流行，更是一种自我享受的快乐。

成人在玩玩具的时候更多的是享受玩的过程，成人玩具比较注重健脑益智，更具有挑战性。成人益智玩具大致分为这几类：第一类为益智玩具，如九连环、智力模块、迷宫、棋类等；第二类为智能电子玩具，如电子狗，音乐鱼（图2-20）以及各种智能宠物等；第三类为卡通实用玩具，如卡通人物的抱枕靠垫（图2-21）以及各种娃娃玩偶等；第四类为收藏玩具，如各种珍藏版的车模、航模（图2-22）等。

5. 老年人玩具

老年人玩具主要指为老年人消除寂寞、延缓衰老、锻炼脑力的玩具。我们国家已经逐步迈入老龄社会，现在很多城市的老人，由于子女忙于工作，不能在老人身边陪伴，使老人感到生活孤单，甚至有些老人患上轻度的老年痴呆症。

老年人玩具主要有各种棋类、健身球等。一些益智类、交流类、休闲类的成人玩具，老年人也比较喜欢。老年人在玩的过程中，不仅能够起到健身益智的作用，而且还能够有效地排解孤独感，更能预防老年痴呆症的发生，使老年人真正能够自娱自乐、安享幸福晚年。

三、按玩具的技术特征分类

根据玩具的内部结构和技术特征，玩具可分为如下几种。

1. 静态玩具

静态玩具是指玩具的内部没有机芯，不能做出任何发光、发声以及机械动作的玩具。静态玩具包括布绒填充玩具、积木、拼插玩具（图2-23）、合金模型、收藏玩偶以及一些充气玩具等。静态玩具的题材和造型比较广泛，我们看到的和想到的一切事物都可以做成静态玩具，包括大自然的动植物、人物、生活用品和一些科幻的场景等。

图2-23 拼插玩具

2. 机动玩具

机动玩具是一类凭借内部机械装置的运转而产生各种动作的玩具。它一般由机芯和外壳部分构成，机芯为一微型机械装置，在某种动力（如惯性力、弹力、电动力等）的作用下能持续运转。机动玩具一般是按玩具内部的动力源不同，分为惯性玩具、发条玩具、电动玩具等。

图2-24 惯性玩具车

惯性玩具其内部有一惯性飞轮，在外力作用下高速旋转储存起能量，外力撤掉以后，飞轮在惯性作用下继续旋转，带动玩具动作（图2-24）。

发条玩具是通过外力使其内部的发条上紧，产生弹性性能，外力撤掉后，弹簧放松释放能量，使玩具产生动作（图2-25）。

图2-25 发条玩具

电动玩具是依靠电力作为能源，使玩具内部的电动机旋转，从而带动玩具各种电子敏感元件，控制（声控、光控、无

图2-26 机器狗玩具

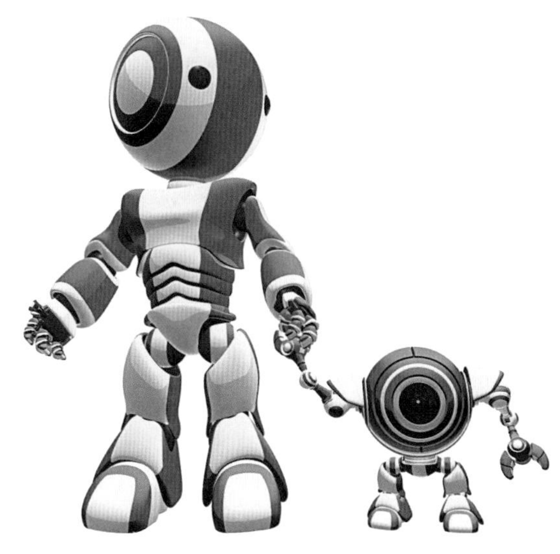

图2-27 机器人玩具

线电遥控等）产生动作来实现部分或全部动作的一类玩具。比较常见的电动玩具有电子乐器、遥控车、电子拟音玩具、游戏机、语音识别玩具等。

3. 智能玩具

智能玩具是玩具类别的一个细分市场，表现一定人工智能的一类玩具，集高科技性、教育性和娱乐性于一体，不仅用于玩耍，更是寓教于乐，并且老少皆宜，信息技术和自动化技术更是智能玩具的核心技术。高科技智能化玩具不仅满足了儿童的好奇心，同时也激发了孩子的求知欲。

智能玩具当然不是指一般的益智玩具。智能玩具主要有与人对话的机器娃娃、机器狗（图2-26）、机器人玩具（图2-27）、语音机器人等。机器人玩具可以让孩子按自己的想象力将各个部件拼装起各种各样的机器人，一来培养了孩子对科学知识的兴趣，同时还提高了孩子的动手能力，是一种互动性和参与性很强的玩具。

实际上，这些智能玩具身上体现的是当今时代的生活方式和习惯，更重要的是玩具已经越来越接近于一项科技产品，在它们身上，使用者可以像使用电脑那样，体会到科技给人带来的那种快感。

四、按玩具的题材分类

1. 生活系列玩具

生活系列玩具主要取材于人们的生活，反映和表现的是人们生活的内容，包括日常生活、节假日活动、民风民俗等。节假日玩具是生活玩具中比较重要的一部分，世界上各个国家都有自己的传统节假日，例如西方圣诞节玩具（图2-28）、万圣节玩具、情人节玩具、复活节玩具（图2-29）等，中国的传统节日，如春节、元宵节、端午节、中秋节等，每个节日的玩具种类和形式也不尽相同。

现实生活中玩具的题材也是很多的，比如各种布艺娃娃、动物、餐具、儿童厨房玩具（图2-30），以及一些仿真的食品（图2-31）等，可帮助孩子认识生活、认物、计数等。

图2-28　圣诞节玩具

图2-29　复活节玩具

图2-30　儿童厨房玩具

图2-31　仿真食品

2. 战争系列玩具

战争系列玩具取材于人类以前的战争，再现历史战争中的人物、兵器和场景等。战争玩具的题材相当广泛，可以涉及战争的每一个角落，战争中使用的武器、参加战争的人员、战争的场景都是战争玩具的一部分。一般是按照1：6或1：8的比例重现整个战争场景。

战争题材如朝鲜战争系列（图2-32）、美国南北战争系列、海湾战争系列、阿富汗战争系列、第二次世界大战系列（图2-33）、越南战争系列、伊拉克战争系列等。

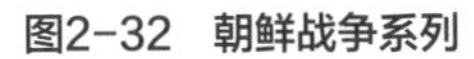
图2-32 朝鲜战争系列

图2-33 第二次世界大战系列

3. 运动系列玩具

运动系列玩具主要体现的是健身目的，取材于各类人的体育运动和室外活动。儿童运动系列玩具如气模水上玩、学步车、呼啦圈、投掷玩具（图2-34）、陀螺、射击玩具（图2-35）、滑梯、秋千、闪光轮、跳环、跳绳、童车、滑板车、溜冰鞋等产品，成年人运动系列玩具如风筝、毽子、飞碟、空竹和健身球等。

图2-34 投掷玩具

图2-35 射击玩具

4. 幻想系列玩具

幻想是创造想象的一种特殊形式。由个人愿望或社会需要而引起，是一种指向未来的想象。积极的、符合现实生活发展规律的幻想，反映了人们美好的理想境界，往往是人的正确思想行为的先行。幻想系列玩具正是人们对理想的美好境界的一种延伸。

幻想系列玩具是以科技幻想和探索未知世界为主要题材的一类玩具，如图2-36所示。这类主题玩具注重完整故事情节以及具有神秘、高科技的特征，如科学新发现、未知太空领域、史前的恐龙时代等，如图2-37所示。

图2-36 幻想玩具

图2-37 恐龙玩具

5. 潮流系列玩具

潮流系列玩具是紧跟时代潮流，以当时社会流行事件、人物形象或热门事件与活动等为题材的一类玩具。潮流系列玩具主要有影视主题玩具、动漫主题玩具和以热门事件与活动为主题的玩具等。影视中的场景和人物角色一直是影视主题玩具的主要卖点；动漫主题玩具是根据畅销动画片像变形金刚、超人、蜡笔小新、机器猫等进行设计的；热门事件与活动为主题的玩具是根据社会上发生的一些比较大的有影响的事件，有可能是一些政治事件、关于国计民生的事件，也可能是一些大的体育赛事和大的活动等，比如2008年北京奥运会、2010年上海世博会（图2-38）等。

图2-38 2010年上海世博会吉祥物——海宝

6. 益智系列玩具

益智玩具是用来丰富儿童知识、发展智力的玩具。智力玩具不仅是一种娱乐工具，而且在玩的时候，能提高玩者的观察、思考、想象、记忆和实践的能力，在无形中增长人的智慧。专家指出，寓教于乐、寓学于玩的益智系列玩具受到孩童和家长一致欢迎，这一市场将拥有无可估量的前景。

常见的有积木（图2-39）、积塑、拼图（图2-40）、镶嵌玩具等，这类玩具对形成孩子抽象思维和数字概念（形状、大小、几何形体、色彩等）起重要作用，是培养孩子创造力和意志品质的极好教具。

图2-39 积木

图2-40 拼图

五、按玩具的功能分类

1. 智力玩具

智力玩具是能够提升儿童智力的玩具，这类玩具对形成孩子抽象思维和数字概念（形状、大小、几何形体、色彩等）起重要作用，可以培养孩子的想象力、创造力以及意志品质。常见的有积木、积塑、胶粒、拼图、镶嵌玩具（图2-41）等。

2. 教育玩具

教育系列玩具的主要功能用于帮助儿童更好更有效地学习（主要指幼儿学前教育），具有安全性、适龄性、启发性、生动性、激励性、正面性和艺术性等特点。

图2-41 雪花片拼插玩具

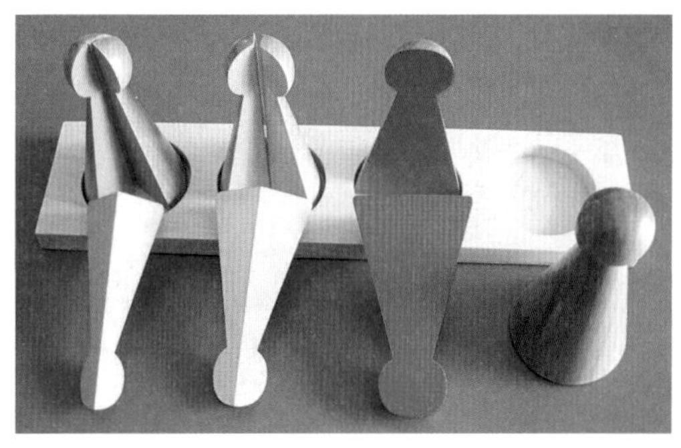

图2-42 数学几何类玩具

教育系列玩具产品包括：积木拼图类、敲打工具类、数学几何类（图2-42）、英文学习类、趣味竞技类、动感车子类、塑料玩具和其他教具八大系列。

3. 音乐玩具

音乐玩具是能发出优美动听的音响、逗人的形象和动作、能增进孩子的美感，满足孩子对声音旋律和节奏的兴趣，体验到生活的愉快，如响铃、电子琴、小钢琴、小木琴（图2-43）、小木鱼等。

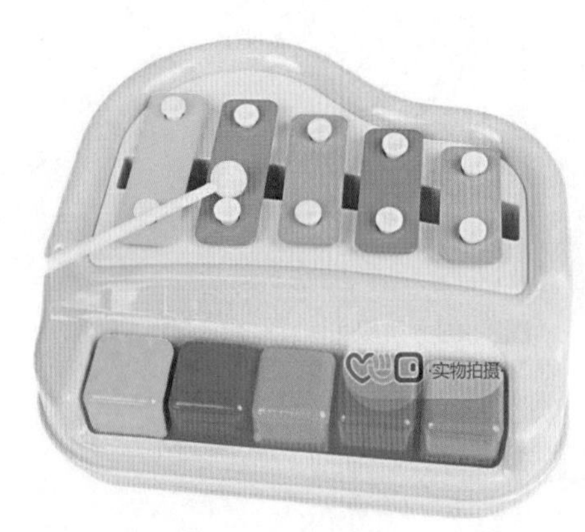

图2-43 小木琴

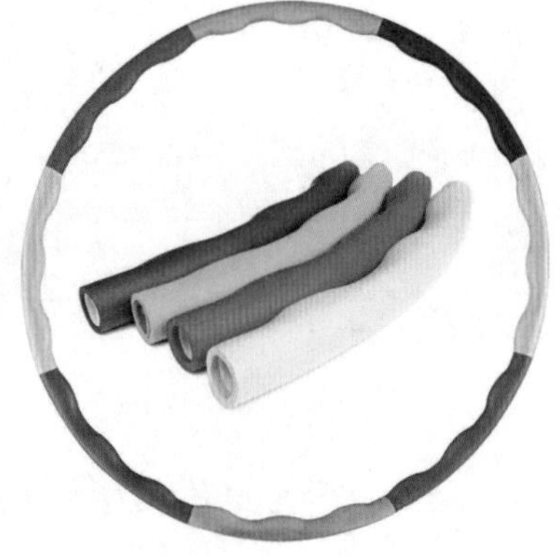

图2-44 呼啦圈

4. 体育运动玩具

体育运动玩具主要供户外游戏、活动健身使用的玩具，儿童的健身运动类玩具主要指供孩子体育游戏使用的学步车、呼啦圈（图2-44）、投掷玩具、陀螺、射击玩具、滑梯、秋千等，成年人的健身运动类玩具主要有风筝、毽子（图2-45）、健身球、跳绳等。

图2-45 毽子

图2-46 木雕

图2-47　毛绒小挂件

5. 装饰玩具

装饰玩具主要用于美化周围环境，营造一种轻松、活泼的气氛。装饰玩具已经越来越多地进入家庭居室、商品橱柜和公共娱乐场所。对于家庭居室，成年人主要采用模型玩具如汽车模型、航模、建筑模型、木雕（图2-46）、石雕、泥人等进行装饰；儿童和青年学生的房间更喜欢布毛绒卡通造型的玩具。如儿童、青年学生的房间摆放一些有趣的绒毛卡通形象；沙发、靠垫、小的生活用品也趋于玩具化；家庭轿车里也开始流行一些小的挂件（图2-47）、摆放物作为装饰。

第二节 玩具的趣味性、娱乐性

一、玩具的趣味性

1. 何为玩具的趣味性

人们把玩具定义为游戏的工具与器具。儿童之所以积极主动开展这种自然的、有趣的、活泼的游戏，是因为游戏所承载的道具玩具是有趣的，这也就是我们常说的兴趣。心理学认为，兴趣产生的基础是情感、认知和需要，是知、情、意活动中的一种心理需求。儿童的心理需求则是直接为了满足好奇心和求知欲，而成人的心理需求往往更多地带有理性的功利色彩。

每个儿童都应该成为有趣游戏的主人，让孩子玩自己喜欢的玩具，按照心理学的强化原则来说，凡是使孩子快乐的刺激，都容易留在他们的大脑里，越是有兴趣去做的事，印象越深刻。趣味性玩具能够满足儿童的这种好奇心需求，并带给他们极大的乐趣，也会使他们的探索欲望更强，而这些都可能会成为他们日后发明创造的原动力。

通过趣味性强的玩具，儿童认识、了解身边的事物及生活，还可以模仿学习，反过来更能激起孩子游戏活动的兴趣。在玩耍的过程中，儿童认识能力的情绪、情感都处于最佳的状态，不仅能有效地学习知识，也能很好地促进智力的发展。比如说可以拆装的建构玩具、DIY玩具、运动玩具等，可以有很大的空间来发展儿童的想象力和创造力；高科技电子玩具通过声、光、电、各种动作变幻莫测，集娱乐性、趣味性、知识性、教育性于一身，在带给儿童快乐的同时，还可以启发他们的智力和创造力，了解一些现代科普知识，也使得更多的儿童从小就能运用创新精神和能力去叩开科学的神秘大门。

2. 玩具的趣味性设计

为了能够设计出儿童所喜爱的玩具，设计师要研究儿童的心理，以及儿童对颜色的美感，还要经常和孩子一起生活，一起游戏，深入了解儿童的兴趣、爱好和喜悦。借此观察、了解儿童的反应和情绪。

心理学研究表明，0～6岁儿童的好奇心及探索活动，常常源于对被探索对象的无知或兴趣。兴趣能促使整个心理活动积极化，使观察更加敏锐，记忆得到加强，克服困难的意志力得到增强。因此，设计师设计出来的玩具一定要有趣才能激发孩子想“摸一摸、动一动”的愿望。玩具设计师要密切联系儿童的实际生活进行设计，使孩子们从玩具中获得乐趣，并养成积极的探索精神。如“儿童望远镜”，当孩子从望远镜中看到远处的高山以及蔚蓝的天空，怎么能不去探索自然世界，说不定未来的科学家是因为一个小小的玩具望远镜造就的；在玩智力玩具“神龙摆尾”时（图2-48），孩子们转动玩具上的小方块，可以左转转还可以右转转，大大激发了他们的好奇心，引发他们不停地问“为什么”，强烈的好奇心促使他们最终把这个玩具拼凑成功；“万花筒”中那一朵朵美丽的小花，随着手腕的转动变换出各种不同的花样，吸引着孩子去探索，更引出了这样、那样的“为什么”，进一步激发了他们的好奇心。

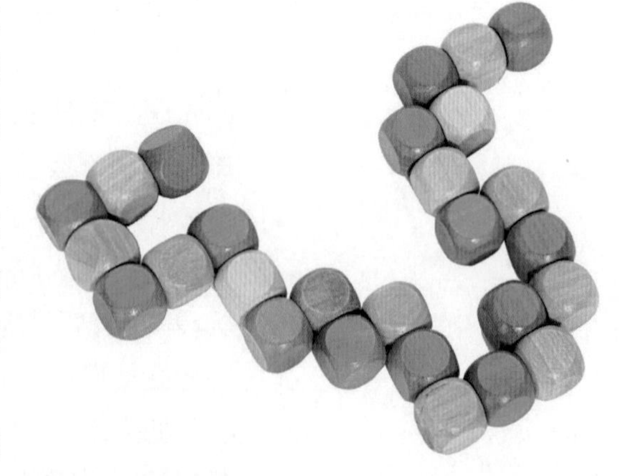

图2-48　神龙摆尾

儿童玩具要有吸引力，要成为儿童的朋友，能给儿童带来快乐，并能启迪智慧。因此儿童玩具在趣味性设计方面应该注意以下几个特点：

（1）要具有创意性和想象力。

（2）与其他同类产品不同，具有自己的特点。

（3）具有强烈的视觉冲击力，能够马上引起人们的注意。

（4）造型奇特、可爱、吸引人。

（5）颜色搭配协调，符合人们的心理需求和视觉愉悦性。

（6）具有许多动手的机会，可玩性强。

（7）能够产生美感，这是最基本，也是最重要的一个设计原则。

二、玩具的娱乐性

英文中，有两个单词表示玩具：toys和playthings，其中playthings 译成中文的意思，就是“好玩的东西”。由此可见，娱乐性是玩具最主要的一个特性。从这个角度来理解玩具，玩具就是给我们带来欢乐和幸福的载体。

世界好似一个大玩具，万物就是林林总总的小玩具。我们都是在玩具世界中去“游戏”人生。每个人从小开始，谁没有见过玩具？又有谁没有玩过玩具？不管是“土”的还是“洋”的，不管是买的还是自己动手做的，不管是价格高的还是便宜的玩具，始终伴随着孩子的成长，给孩子带来了无穷无尽的乐趣。这里我们所指玩具的娱乐性实际上就是我们通俗上所讲的玩具的可玩性。

1. 何为玩具的可玩性

吸引儿童的玩具，首先必须是“好玩”的。儿童有自身的发展特点和规律，玩耍是儿童的天性，是他们的基本活动，玩具作为儿童玩的对象，是儿童玩的好伙伴。如果玩具不好玩，有再高的教育价值也无法发挥其效用。因此，玩具不但要使儿童肯玩、爱玩，而且要玩个不停，才能发挥玩具的最大功能。真正地做到在游戏中生活，在游戏中学习，在游戏中成长的境地。

所谓可玩性是指儿童可以用各种不同的方式操作玩具，并在玩具不断多变操作的过程中感受无穷的乐趣。可玩性应该说是对玩具最基本的要求，但实际上却被相当一部分人所忽视。只有具备可玩性的玩具才能得到儿童的注意和喜欢，同时也只有这样的玩具才能对儿童的发展起到积极作用。

2. 玩具可玩性体现在以下两个方面

（1）玩具要适合儿童的心里、行为特征。随着人们的物质生活水平的不断提高和社会环境的发展变化，儿童的心理特征和行为特征也在不断地发生着变化。玩具如果与儿童的心理特征和行为特征不相符，即使再昂贵的玩具，孩子也未必喜欢。例如2～3岁的孩子喜欢一些形象化的日常生活用品玩具，像一些木制的蔬菜水果造型的玩具（图2-49）、交通工具造型的玩具，会受到孩子的欢迎，让孩子在玩的过程中逐步认识和熟悉周围的事物。

图2-49　木制的蔬菜玩具

（2）注重玩具的使用功能。儿童的成长总是离不开玩具，儿童玩具设计应注意玩具的耐玩、耐用和开发智力的特性。一些昂贵的玩具虽然可以满足他们一时的拥有欲望，获得短暂的快乐，但时间一长，孩子便视它们为可有可无的了。玩具高档制作精美并不一定耐玩、耐用、有教育性。像拼图、积木、沙土这样的玩具，物美价廉，而且还具有良好的使用特点和教育价值。在玩这些玩具的过程中，孩子的注意力会非常集中，会极大地开发他们的创造潜能，也将使他们的语言描述能力得到发展。孩子们是怎么玩也玩不够的，因为这些玩具的变化无穷无尽，孩子在每次游戏中都会有新的玩法，他们在游戏中体验着变化带来的快乐，这类玩具还可以锻炼手的灵活性。

可玩性比较强的玩具有一种潜在的吸引力能够吸引孩子，即使孩子有时对玩具失去兴趣，可以暂时将它们收起来，一段时间之后再拿出来，孩子可能会重新对这款玩具产生兴趣，重新对这款玩具产生新鲜感。不同材质的玩具其可玩性也不尽相同。

例如，一款坐姿的毛绒玩具小熊，由于身体极其柔软，孩子可以将其随意摆出各种造型和各种表情，或将手捂住脸摆出一副害羞的样子；或将双手放在背后，做出一副昂首挺胸的样子，使玩具的可玩性得到充分展现（图2-50）。

再比如益智玩具中木制玩具“孔明锁”，它的玩法多变，是挑战性比较大的玩具，既能开发智力又其乐无穷，真正地做到了寓教于乐（图2-51）。

图2-50　毛绒小熊

图2-51　孔明锁

第三节 玩具的教育性

玩具，是儿童的好伙伴，是儿童的天使，是一本极其生动的教科书，更是儿童成长过程中最好的启蒙“老师”。由于它是一本没有文字的书，孩子们容易接受它、理解它。玩具在儿童智力的开发、感性知识的积累、优良品德的形成等方面，都起着不可估量的作用。另外，德、智、体、美、劳全面发展的家庭教育也离不开儿童玩具，这些方面的教育可以通过玩具来很好地加以实施。

玩具作为自然的象征，能帮助儿童由易到难，由简到繁，循序渐进地认识自然。我国著名的儿童教育家陈鹤琴先生曾经说：“玩具和游戏器具对于幼儿的重要正如大、中、小学的教科书一样。”在这里陈先生非常明确地指出了玩具的教育性。教育性也可以称为启发性或知识性。正所谓寓教于乐，玩具在给儿童带来快乐的同时，还能够给他们一定的启发，增长他们的见识，这样的玩具才是设计的优秀产品。

德国著名的幼儿教育家福禄贝尔高度评价了玩具在游戏中的教育价值。他把游戏看做儿童内在本质向外的自发表现，是人在这一阶段上最纯洁的精神产物。游戏不等于儿童的外部活动，而更多地指儿童的心理态度。它是一切善的根源和未来生活的胚芽。它给儿童以欢乐、自由和满足，又能培养儿童的意志力和自我牺牲的精神。游戏和玩具紧密相连。福禄贝尔还根据儿童生理和心理发展的特点创制了一套供儿童使用的教学用品，也就是我们现在的教育玩具。他认为，玩具的教育价值就在于它是帮助儿童认识自然及其内在规律的重要工具。

蒙台梭利是意大利一位女医学博士、儿童教育家。她毕生致力于儿童研究和教育实践，创办了举世闻名的“儿童之家”，创立了科学的幼儿教育方法，撰写了幼儿教育理论著作，开办了国际培训班，极大地推动了现代幼儿教育的改革和发展。她的教育法放弃了以往由学校、老师做主导的方法，而以儿童为中心，尊重儿童个别的差异和需求，来设计一个自然的教学环境，让儿童愿意在他们预备过的环境中，自愿地去接触、自发地去学习。她创造的各种系列教育玩具，用于语法、阅读、算术、音乐、美术等教学中；她创立的蒙台梭利教育理论和方法，经欧洲传入美洲大陆，后又传入日本、中国台湾、中国香港、新加坡、印度等亚太国家和地区，20世纪末传入我国大陆（我国很多幼儿园采用蒙台梭利教育玩具开发儿童潜能），并逐渐风靡世界，成为引领幼儿教育及残障儿童教育的一股新潮流。

国际上著名的教育玩具有福禄贝尔教育玩具、蒙台梭利教育玩具，如图2-52、图2-53所示。

图2-52　福禄贝尔教育玩具

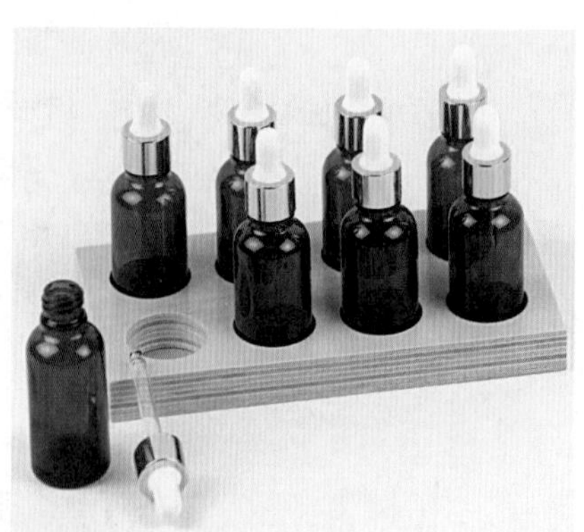
图2-53　蒙台梭利教育玩具

第四节 玩具的安全性

玩具是儿童不可或缺的游戏伙伴，但是在生活中，儿童往往被花花绿绿的新鲜玩具所吸引，忽视了玩具的安全性。许多玩具的质量问题只有在发生事故时才受到人们的重视，但为时已晚，对儿童已经造成伤害。因此，玩具的安全性应该是设计者首先要考虑的问题。

一、玩具对儿童的伤害

我国每年大约有16万0～14岁儿童死于意外伤害，大约有64万儿童因意外伤害而致伤残。其中，玩具等儿童用品引发的意外伤害已占到儿童意外伤害的30%左右。

1. 玩具对儿童的直接伤害

玩具对儿童的直接伤害大致可分为五种类型，即：机械伤害、火焰烧伤、电击伤害、溺水伤害、污染伤害。

（1）机械伤害　在玩具对儿童的诸多伤害类型中，机械伤害是最常见的一种，其伤害表现十分明显，易于察觉，伤害程度，有轻有重，伤害现象也非常之多，如：跌伤、割伤、勒伤、夹伤、击伤、刺伤、咽下和吞入异物的伤害等。

① 跌伤：是指儿童从一些大型户外玩具设备或儿童自行车上面跌落，而造成的对孩子的伤害。例如：孩子的手比成人小，如果玩具自行车的闸把尺寸过大，孩子就握不紧，也就刹不住车子，一旦车子遇到障碍物，孩子因车子撞倒而摔下，引起跌伤事故。

② 割伤：玩具边缘太薄，太锋利，会引起孩子皮肤割伤的危险。这类伤害主要是在一些质量不合格的铁制玩具和一些木制玩具上面。

③ 勒伤：如果袋是用拉线或拉绳作封口方式，这就存在儿童被勒伤的隐患。玩具上的绳索、弹性绳就有可能造成孩子的脖子被缠绕、勒住的可能。例如，童床或游戏围栏上的悬挂玩具、童床上的健身类玩具、18个月以下孩子玩具上的绳索和弹

性绳、飞行玩具的绳线、玩具袋上的绳等，都有可能造成勒伤的危险。

④ 夹伤：玩具中活动部件的间隔，如果能使儿童手指插入，这就存在手指被夹伤的危险。

⑤ 击伤：弹射玩具发射的力量过大，如击中孩子眼睛，就会产生严重后果。

⑥ 刺伤：玩具的焊点，电子部件的尖点，小梳子的齿尖，金属丝的端点，以及木制玩具的毛刺等，都会引起儿童皮肤被刺伤的危险。

⑦ 咽下和吸入异物：某些特定形状和尺寸的毛绒玩具的眼睛、鼻子，玩具娃娃衣服上的纽扣，玩具汽车的车灯、轮子以及玩具上的紧固螺丝、螺帽等，一旦被孩子拿下，如果体积尺寸太小，容易被孩子吞入或吸入造成窒息。例如：一个3岁小男孩在玩声控毛绒狗熊时，将玩具的眼睛给抠了下来，把它当成糖果送进了嘴里，幸好眼珠子不是很大，后来在医生的指导下排了出来，没有造成致命危害。如果孩子吞进去两个眼睛，体内的吸力会导致肠道的致命损伤。

⑧ 窒息伤害：用不透气材料制成的玩具袋，当袋子的开口周长大于360mm时，儿童可以把袋子套在头上。由于包装玩具的软性塑料薄膜太薄，如孩子紧贴嘴和鼻，则会引起窒息危险。

对于玩具的包装袋国家也有明确的规定，根据国家标准GB6675—2003《国家玩具安全技术规范》规定，玩具包装采用的软性塑料薄膜，当面积大于100cm^2时，厚度不得小于0.038mm。在针对儿童玩耍时有可能会把塑料袋套在头上造成窒息这种情况。

（2）火焰烧伤　尽管因玩具燃烧而引起儿童伤害的事故比较少见，但一旦发生，却涉及儿童及四周环境，其后果不堪设想。在儿童因玩具燃烧而引起火灾的死亡事故中，80%以上是因烟气造成窒息而死亡的。比如一些布娃娃美丽纤维的长头发也暗藏着这种隐患。

（3）电击伤害　在高架电线附近或打雷闪电时使用玩具风筝和其他有绳线的飞行玩具，极易造成儿童电击伤害。

（4）溺水伤害　夏天，在海边、河边、游泳池中，常见孩子拿着水上玩具，戏水玩耍。应当指出，水上玩具不是救生设备，如在深水中游玩，是非常危险的。

（5）污染伤害　玩具污染伤害不易察觉，隐蔽性强，一般不为人们所重视，但其传播极快，危害很大。颜料、油漆含有铅元素，幼儿玩具色彩鲜艳，铅含量也就相应较高。孩子啃咬、吸吮玩具表面时，很容易将漆皮吃入体内，造成儿童血铅含量超标，血铅中毒现象。幼儿机体缺少排铅系统，铅会破坏制造血红素的一种酶，从而引起人体血红素的减少。情况较轻的表现为多哭闹、多动、神经衰弱、消化系统紊乱，情况严重的将出现铅性贫血和腹部铅绞痛。同时还会引发缺锌、钙、铁等病症。

另外，有过敏体质的儿童最好不要玩毛绒玩具。长毛绒玩具最容易隐藏细菌，而这些填充物由于含有甲醛等有害化学物质，也容易引发儿童皮肤过敏、哮喘和一些呼吸道疾病。

2. 玩具对儿童的间接伤害

玩具除了对儿童造成以上直接伤害外，还有一些间接的伤害，包含以下几个方面：

（1）噪声伤害　带音乐的玩具虽然有益于智力的开发，但如果音量很大，播放时间长，会伤及孩子的耳朵，从而出现激动、缺乏耐受性、睡眠不足、注意力不集中等症状。瑞典一家科研机构在一份报告中说，尽管目前还不能准确地测出婴儿、幼儿对声音的灵敏度，但有证据表明，孩子对声音的感应要比成年人灵敏。如果儿童玩具发出很大声，可能会给婴儿带来灾难性的后果。有些幼儿玩的冲锋枪、大炮、坦克车等玩具，在10cm之内，噪声达80dB以上，如果噪声经常达到80dB，儿童会产生头痛、头昏、耳鸣、情绪紧张、记忆力减退等症状。

（2）影响情感　儿童心灵可塑性极强，对新事物有很强的模仿性。恐怖、暴力玩具表面上看不过是一种玩具，其实它有一定的文化取向，尽管可能不会对儿童造成有形的生理上的伤害，但对其心理健康发育有严重的不良影响。这种文化取向是不健康的、暴力的，它会使孩子缺乏同情心、爱心，不利于儿童的心理的健康成长。例如市面上的一些渲染恐怖的玩具，可能引起儿童惊恐、失眠以及不安情绪，而暴力玩具则容易引起孩子的攻击性心理和行为，使其具有暴力倾向。

（3）刺激神经　幼儿神经系统尚未健全，若面对太多各式各样的玩具，获取过多的外界刺激，各种兴奋灶就会互相影响、抑制，致使兴奋灶弱化，从而影响神经系统的发育。

（4）缺乏动脑　运用声、光、电、集成电路的高科技玩具，是用成人的技术代替了孩子的创造，阻碍了孩子思维创造能力的开发，导致孩子只是一味地接受，而不能主动地去参与、动脑，不利于孩子智力的开发。

二、玩具的国家完全标准

国内玩具相关标准的不断完善，实际上也是国际背景下的“大势所趋”。近年，欧美等发达国家对玩具进入其市场的安全门槛越筑越高。以危害人类健康、儿童又对其非常敏感的重金属铅为例，2008年8月14日生效的《美国消费品安全改进法案》（CPSIA），不仅将铅的检测范围扩至玩具上任何可触及的材料，对玩具材料中铅的限量也一步步的“勒紧”。

以欧盟最新颁布实施的《欧盟玩具安全新指令》为例，被业界称为“史上最严”的玩具法规。它不仅对玩具从物理、机械、化学、电气各种性能及多方面做出了苛刻规定，该新指令实施半年前，欧盟27个成员国还必须修订各自的国家法规，并与新指令同时实施。

国内外玩具标准简介：

1. 欧盟标准

欧盟国家执行《玩具安全》（EN71）、《电子玩具安全测试》（EN50088）等标准。

2. 美国标准

美国的玩具技术法规有两类；一类是玩具生产商、销售商自愿执行的玩具标准ASTMF963；一类是CPSC所制定的联邦法律第16部分（16CFR），属美国国家强制性标准，具有联邦法律的地位。

3. 日本标准

日本遵循《玩具安全标准》（ST2002）。日本与玩具有关的法律一般是分布在不同的法规中，如日本《食品卫生法》《电器用品安全法》中关系到有些产品是否适合孩童使用（24个月大小儿童）的规定，见《家用产品有害物质控制法》中。

4. 中国玩具标准

我国目前已颁布并实施了29项玩具标准，形成了比较完善的标准体系，成立了全国玩具标准化技术委员会。在这29项玩具标准中，国家标准10项，行业标准19项；其中9项为强制性标准，20项为推荐性标准(这些标准主要是产品标准，其中包括了技术要求和试验方法，基本覆盖了玩具产品和各类童车)。这些玩具标准的实施，对提高我国玩具产品质量，促进行业发展起到了重要作用。

5. 强制性标准

强制性国家标准和行业标准包括《国家玩具安全技术规范》《毛绒布制玩具安全与质量》《消费品使用说明 玩具使用说明》《BMX儿童自行车安全通用要求》《儿童自行车安全通用要求》《儿童三轮车安全通用要求》《婴儿推车安全通用要求》《儿童学步车安全通用要求》《充气水上玩具安全技术要求》。

6. 推荐性标准

推荐性国家标准和行业标准包括《木制玩具通用技术条件》《电动玩具通用技术条件》《惯性玩具通用技术条件》《发条玩具通用技术条件》《玩具娃娃通用技术条件》《充气玩具通用技术条件》《电动童车通用技术条件》《玩具硬塑件通用技术要求》《机动玩具、机芯型号编制方法》《玩具惯性齿轮箱通用技术要求》《儿童推车整车通用技术条件》《儿童三轮车整车通用技术条件》《儿童自行车整车通用技术条件》《童车电镀技术条件》《童车油漆技术条件》等。

第三章 玩具设计

第一节 玩具设计现状

随着社会经济的发展，我国玩具产业不断发展壮大，我国已成为全球玩具第一大生产国，玩具业在我国制造业中也占有一定地位，对世界玩具行业具有一定影响。我国玩具行业是从20世纪80年代后发展起来的，玩具企业70%以上还是靠来料加工和来样加工来进行运作，自主开发和创新的能力不强，能够以自创品牌出口的还为数不多，依附式发展导致我国玩具业利润低，处于该行业产业链最低端。但是随着我国玩具企业对自主品牌的渴望越来越强烈，许多玩具企业还是开始了从贴牌生产或来料加工向自主设计加工、自主品牌生产转变，较强的自我研发、自主创新能力，成为我国玩具企业在抵御国际贸易壁垒、危机冲击的最好良药。

现在展现在我们眼前的玩具，已经不能仅仅靠一个简单的造型来占领市场了，现代玩具应该具有独特的个性和丰富的内涵。

图3-1 喜羊羊

图3-2 蓝猫

图3-3 俄罗斯套娃

图3-4 七巧板

设计师可以通过玩具设计最大程度地展示自己的设计思想、个人风格、创造力和想象力。创造出既受人喜爱又具有高度收藏性、可玩性的玩具，已成为现代玩具设计研究的新课题。

中国玩具设计虽然经过20多年的风雨洗礼，有了较大的发展，出现了如“喜羊羊与灰太狼”和“蓝猫”等（图3-1，图3-2）。在动漫玩具领域攻城略地，但还是不尽如人意。直到现在，我们始终有一种困惑，那就是玩具设计整体上无法形成与我国的文化底蕴相吻合的面貌，也就是说我们的玩具设计还没有形成“中国特色”。如何才能形成独具中国特色的现代玩具设计呢？这就需要玩具设计师停止因袭模仿的脚步，认真研究我国的文化艺术。我们国家文化博大精深，蕴涵着深厚的文化底蕴，尤其是经过数千年积淀而形成的传统文化，更是一笔宝贵的财富，我们应当去积极地宣传和发扬其精髓部分，将传统民族文化精神融入现代玩具设计之中。

在信息传递飞速发展的今天，在全球化的工业大生产和商品快速流通的推动下，玩具设计的文化性逐渐打破了地域和民俗的界限，包容了更多不同的文化特质，反映了时尚潮流的变化。例如俄罗斯的套娃（图3-3），拆卸、装套的形式极富趣味性，绚丽和极富民族特色的彩绘也有一种特殊的美感。再如中国的“七巧板”（图3-4），18世纪末，七巧板传到国外，立刻引起极大的兴趣，有些人通宵达旦地玩它，并叫它“唐图”，意思是“来自中国的拼图”，被人们称为“东方魔板”。现在也是在国际时尚潮流设计中常常被用到的一种文化符号。

随着物质生活水平的不断提高，人们的审美情趣、思想意识也在不断变化。时刻把握时尚潮流的脉搏，是现代玩具设计的基本前提。在市场上具有很强生命力的玩具设计，都是能够敏锐把握时尚潮流的设计。

很多已经具有一定知名度的玩具，通过不断推出新的系列，拓展延伸，因此也取得新的成功。另外，很多玩具设计也可以与其他的流行文化或艺术手段相结合，比如涂鸦、插画等，形成其特有的玩具文化（图3-5，图3-6）。

作为设计师，对于玩具设计的认识，不能仅仅停留在表面，而是应该多层次地发掘设计的内涵，树立设计师的风格，并且密切关注潮流和市场的变化，使自身对新兴的事物抱有一份好奇心和积极接纳的态度，不断创新、不断探索。现代玩具设计正处于起步并快速发展的阶段，无论风格、题材、分类等都没有形成固定的模式。随着全球经济一体化，商品的流通和信息速度更快、范围更广，因此对于不同地域的不同文化，都有很大的接纳和包容性，这些因素，也给现代玩具设计带来了良好的发展环境。

图3-5　涂鸦玩具

图3-6　插画玩具

第二节 玩具设计与工业设计

一、学习玩具设计，首先要了解工业设计

19世纪工业革命爆发之后，工业设计以工业化大批量生产为条件发展起来。当时大量工业产品粗制滥造，已严重影响了人们的日常生活，工业设计作为改变当时状况的必然手段登上了历史的舞台。传统的工业设计是指对以工业手段生产的产品所进行的规划与设计，使之与使用的人之间取得最佳匹配的创造性活动。从这个概念分析工业设计的性质：一是工业设计的目的为了取得产品与人之间的最佳匹配。这种匹配，不仅要满足人的使用需求，还要与人的生理、心理等各方面需求取得恰到好处的匹配，这恰恰体现了以人为本的设计思想。二是工业设计必须是一种创造性活动。工业设计的性质决定了它是一门覆盖面很广的交叉融会的科学，涉足了众多学科的研究领域，有如工业社会的黏合剂，使原本孤立的学科诸如物理、化学、生物学、市场学、美学、人体工程学、社会学、心理学、哲学等彼此联系、相互交融，结成有机的统一体。实现了客观地揭示自然规律的科学与主观、能动地进行创造活动的艺术的再度联手。

1980年，国际工业设计协会联合会（ICSID）为工业设计下的定义：对批量生产的工业产品，凭借训练、技术、经验及视觉感受，赋予产品以材料、结构、形态、色彩、表面加工以及装饰以新的质量和性能。由此可见，工业设计的核心是产品。

伴随着历史的发展，设计内涵的发展也趋于更加广泛和深入。现在，人类社会的发展已进入了现代工业社会，设计所带来的物质成就及其对人类生存状态和生活方式的影响是过去任何时代所无法比拟的，现代工业设计的概念也由此应运而生。

2006年国际工业设计协会联合会ICSID再次修改的定义：工业设计是一种创造性的活动，其目的是为物品、过程、服务以及它们在整个生命周期中构成的系统建立起多方面的品质。因此，设计既是创新技术人性化的重要因素，也是经济文化交流的关键因素。

随着工业设计领域的日益拓宽，不同领域又具有各自的特点，可以从不同的角度对工业设计的领域进行划分：产品设计（图3-7）、环境设计（图3-8）、传播设计（图3-9）、设计管理。

图3-7 产品设计

二、认识玩具设计与工业设计的关系

玩具设计，作为一种可以构成真实生活的艺术创造行为，它发展的每一个阶段都与人的生活需要相联系，现代玩具设计在整个工业产品生产与消费体系中发展的速度越来越快，它是现代工业产品发展的这个长链中的重要一环，属于工业设计的重要组成部分。现代玩具设计，在生产、流通与消费过程中，要解决的是玩具的功能、结构、形态、色彩、材料、表面处理、装饰、工艺、运输与广告等问题，同时还要涉及生产、管理、环保、消费者所在地的文化与生活习俗、流通与消费，甚至包括如何营销、促销和售后服务等，是一个以玩具产品开发为主，最终被市场接受，被消费者认可的一个完整的系统工程。

图3-8 环境设计

20世纪60年代之后，世界范围内玩具生产与消费出现了蓬勃发展的趋势，各种智力玩具、布绒玩具、电动玩具、木制玩具、电子游戏甚至还有宠物玩具，乃至能为成人所喜爱的装饰玩具层出不穷，进入21世纪以来，更是呈现出方兴未艾之势，玩具在传统领域与时尚领域已经发生了很大变化，这些都为玩具的生产与开发创造了极为有利的条件。玩具的市场潜力极

图3-9 传播设计

大，重要的是如何认识和把握玩具生产与发展的大趋势与市场走向。大体来说，玩具的生产与发展是与“心理产品”的潮流相吻合的，所以它才能够成为世界性的发展潮流，但同时这种认识又不是简单的、机械的，是在“跨越式”发展过程中的中国，世界各国工业发展过程中的各个阶段所出现的问题也会在中国出现，因此，我们要注意吸收世界先进工业国家在玩具业生产发展过程中的一切可借鉴经验，力求达到较好和较合理的发展效果。

比如，在国际上已经形成影响的强调保护环境与资源合理利用的“绿色设计”、强调发挥产品服务功能的“非物质主义设计”，其中所包含的科学因素与社会伦理内涵也是我们非常需要吸取与学习的。中国工业发展之路不可以照抄国外，但是必然要在学习国际先进经验的基础上求得自身的发展，这在其他许多领域已经被证明是正确的规律，在中国玩具产业的前进过程中，仍然如此。

第三节 玩具设计与动漫（游戏）设计

“动漫”是动画和漫画的合称与缩写，在其他语言中相当少用。随着现代传媒技术的发展，动画（animation或anime）和漫画（comics，manga；特别是故事性漫画）之间联系日趋紧密，两者常被合为“动漫”。

动漫文化的快速发展带动了动漫延伸产品的快速发展，促进了动漫玩具的产生。动漫玩具是动漫的衍生物，好看的动漫形象被创造成玩具。让动漫形象更加贴近你我，深入人心，是产业价值开发和提升的产物。同样动漫玩具也可能是玩具的衍生物，最初有相同的价值，之后才产生出新的意义。

一、动漫玩具产业分析

1. 概述

动漫产业，是指以“创意”为核心，以动画、漫画为表现形式，以电影、电视传播为拉动效应，带动系列产品的“开发一生产—出版—演出—播出—销售”的营销过程形成的产业群。

动漫的市场结构，大体可以分为三个层次：

第一层次是播映市场，即动画片本身的播出市场，包括电视台、网络、移动电视、3G手机电视等传统视频或者各种新媒体；

第二层次是直接商品，即直接取材于动画片本身的图书、音像制品、彩铃、彩信等市场；

第三层次是衍生产品，即通过角色形象授权的衍生产品，也就是常说的“品牌授权”业务，包括服装、玩具、饮料、儿童用品等各种衍生授权。比如国内的《虹猫蓝兔》，主要特点是商品的形状千姿百态，但是商品上均使用了动画片中的角色形象（图3-10）。

欧美、日本的动漫衍生品已渗透到人们全方位的生活当中，不仅源源不断地获取利润，还深深地影响着孩童们的思想意识，改变了人们的价值观念。美、日是动漫玩具制作强国，已形成一套完全成熟的衍生产品商业运作模式。如迪士尼动画片在推出银幕前的几天，已有玩具产品在市场销售，衍生玩具产品的销售反过来促进动画片的创作，从而形成良性循环，获得了巨大的市场经济效益。

图3-10　虹猫蓝兔

例如，美国迪士尼的“米老鼠”和美国孩之宝的“变形金刚”。米老鼠（又称米老鼠或米奇）是华特迪士尼和Ub Iwerks于1928年创作出的动画形象，是迪士尼公司的代表人物。1928年11月18日从米老鼠诞生的那一天到现在，它的感召力和友善使它成为妙妙屋的中心人物，而它的亲切和丰富情感使它成为史上最受欢迎的卡通形象（图3-11）。

图3-11　米老鼠

随着米奇频繁地出现在人们的面前，它的延伸产品也迅速普及。

《变形金刚》并不像其他动画英雄一样，先有动画后有玩具，而是美国孩之宝公司为了宣传自己的玩具制作的大型动画“广告”（图3-12）。

图3-12 变形金刚

随着大众文化娱乐日趋多元化，作为有生命，有特点的动漫玩具，拥有了一大批喜爱者。

我国也曾拥有一大批优秀动漫作品和深入人心的动漫形象，但因为缺乏可操作的衍生品计划，空有无形资产却无法转成市场价值。慢慢地，这些动漫形象也逐渐远离大家的视野，成为尘封在历史中的记忆。在2009年，我国玩具业受国际金融危机影响出口大幅减少，由广东原创动力文化传播有限公司塑造“喜羊羊和灰太狼”一个品牌就救活了无数家玩具企业，衍生产品也为这两个动漫形象风靡全国起了相当的作用，这种现实的对比也从侧面印证了动漫形象与衍生品的关系。

图3-13 奥飞动漫作品 铠甲勇士

近几年，伴随着我国动漫产业的发展，依托在玩具制造上的成本优势，国内依靠“玩具+动漫”模式，利用动漫产品产生的影响力来销售玩具产品的上市公司越来越多（例如奥飞动漫，图3-13）。动漫延伸链条涉及的行业越来越多，除了图书、游戏、玩具等大家比较熟悉的行业，还与家居装修、舞台表演等结合起来，甚至孕育出动漫角色扮演（COSPLAY）等新行当。

2. 动漫玩具的发展需要动漫产业助推

如今，中国的动漫市场已发展成为世界上最大的潜在消费市场。动漫玩具是动漫产业链中一个重要组成部分，动漫玩具的发展与营销依赖于动漫这一新兴产业的带动作用，而动漫玩具只有被有效地整合在动漫的产业链中，才能获得更大的市场份额。像美国动画片《变形金刚》在中国电视台播放时没收一分钱，仅靠卖玩具就赚回50个亿。由此可见，好的动漫可以通过助推动漫玩具的销售彰显价值。

20世纪五六十年代，中国动漫发展也创作了一大批优秀的动漫作品，其中具有中国特色的木偶动画片《阿凡提的故事》（图3-14），还有开创了中国特有的动画片类型“水墨动画”的《小蝌蚪找妈妈》（图3-15）。在法国戛纳电影节、瑞士洛迦诺电影节等国际舞台上赢得无数荣耀的《小蝌蚪找妈妈》，曾被法国《世界报》评论为：“中国水墨画，景色柔和，笔调细致，以及表示忧虑、犹豫和快乐的动作，使这部电影产生了魅力和诗意。”以及中国第一部彩色动画电影《大闹天宫》（图3-16）和第一部中国风格的剪纸片《猪八戒吃西瓜》（图3-17）等动漫作品都非常优秀。但是随着时代的发展，由于国内多数动漫企业缺乏与时俱进的创新精神和先进的制作水平，靠“吃老本”作为生存之道，导致了中国动漫发展呈下滑趋势。相比之下，美、日、韩的动漫企业则依托雄厚的经济实力，出神入化的制作技术，完

图3-14 阿凡提的故事

图3-15 小蝌蚪找妈妈

图3-16 《大闹天宫》剧照

图3-17 《猪八戒吃西瓜》动画原稿

整的产业链，逐渐成为动漫产业强国。

在国外动漫影视和玩具的强势攻击下，人们逐渐地接受并喜欢上了西方文化和日本文化，致使我国很多少年儿童喜欢机器猫胜过蓝猫；喜欢铁臂阿童木胜过孙悟空。而我国的动漫玩具市场丧失了传统文化就像一只没有舵手的航船。对带有民族文化的动漫产品设计是对传统文化的传承、回归、融合，是设计文化与民族认同的体现，也是对设计文化民族性的重新阐释。传统和历史不是隔断的，我国的动漫玩具设计脱离了传统，失去民族性，那么不仅使本民族的消费者失去认同感，也在全球化经济和文化进程中失去了民族身份与民族特色。多元文化的冲突、碰撞、融合，使得民族性与全球化成为当代设计面临的两大课题，设计的民族认同也受到了人们愈来愈强烈的重视。

由此可见，在动漫市场竞争日趋激烈的今天，许多外国动漫更是大举进军中国，抢占国内市场，使得我国动漫企业面临前所未有的挑战。在这种背景下，我国动漫产业更应发挥民族特色优势，注重多元文化的融合，并在动漫内容上不断创新、技术上不断升级，使动漫具有现代感和时代精神，这样动漫的战略伙伴“动漫玩具”才能出现根本改观并与国外动漫玩具相抗衡。

3. 动漫玩具的设计需要准确定位

作为玩具设计师想要设计出优秀的动漫玩具，一定要对目标市场及消费群体，需要深入的市场调查，只有对动漫玩具市场充分地了解，才能明确动漫玩具产品定位。

中国人习惯将动漫和玩具看作是孩子的专利，导致了国人对动漫玩具的忽视，国内大多数玩具企业也把动漫玩具的主要受众定位为儿童，这就造成了动漫玩具消费者年龄层次单一，市场销售面过窄。相比之下，国外的动漫玩具商则将目光聚焦在青少年、成人，或是老少皆宜的动漫玩具产品开发上，因为同儿童相比较，该人群对动漫形象的辨识能力高，且有相应的消费能力，能够使企业赚取丰厚利润。我国动漫玩具企业想要提升市场潜力，实现利润最大化，就必须明确产品定位，扩大目标消费群体，深层挖掘潜在消费市场，抓住国际上动漫玩具成人化的趋势所带来的机遇。

从国外动漫玩具企业长期的运作经验来看，动漫玩具的设计风格取决于目标消费群体的细分，因此，中国动漫玩具企业必须根据目标消费群体的不同需求进行准确定位，为其量身定制出最适合的动漫玩具。例如大众消费群体与年龄小的儿童、少年对动漫玩具形象认知度截然不同，对于前者而言，动漫玩具的设计可以进行抽象、夸张等处理，而对于后者而言动漫玩具形象应尽可能一目了然、有较强的辨识度。动漫玩具还应从不同目标消费群体对价格、功能、质量等方面需求来综合考虑其产品定位。不同目标消费群的消费心理有所不同。例如，中、低端动漫玩具产品应符合低龄群体消费心理，低价格、较高质量的动漫玩具对他们有较大吸引力；而对于动漫玩具资深爱好者来说，附加值较高并以品质取胜的高端动漫玩具，才能满足这类人的心理需求。

纵观中国动漫玩具市场，大多被国外知名品牌动漫玩具抢占先机，国内企业多数是贴牌加工，只有产品没有品牌，往往给别人做嫁衣。中国动漫玩具企业想要做大做强，在国内市场中占有较大的份额，就必须要创新设计、打造自己的品牌，借助高附加值的品牌化运作进行转型、升级。

4. 动漫玩具需要创新设计、打造自主品牌

当前，很多人都关注中国动漫玩具如何与美国和日本竞争的问题。从国际上看，美国有“米老鼠”，日本有“奥特曼”（图3-18、图3-19），它们都是动画片中的品牌形象，而且多多少少体现了自己的民族文化。如果中国动漫玩具生产厂家仅仅致力于生产欧美的动漫玩具产品，就必然导致我国的动漫玩具生产厂家只能走ODM加工模式之路，而中国玩具生产企业与动漫公司共同打造具有中国特色的动漫玩具才是“王道”。从我国玩具企业和动漫企业来讲，他们之间的沟通交流还不够，动漫企业创作

图3-18 “米老鼠”塑料玩具

图3-19 “奥特曼”塑料玩偶

图3-20 “福娃”

图3-21 “福娃”毛绒玩具

的动画片的主人公仅仅是为了在荧屏上出现显然是不够的，那么这些形象一旦被制成玩具时就会发现这样或是那样的问题，创作动画形象中就应该有玩具设计师加入，共同打造适合开发延伸的动漫形象。众所周知，奥运“福娃”可谓是非常经典且具有中国特色的，人人都被这五个饱含民族文化的小精灵所折服，但是在制作成玩具产品时也带来了不少问题，比如“五福娃”都是大头，并且头饰相对复杂，在玩具开版中就非常的有难度，即使做出来了，想让福娃们站立起来也费了不少周折（图3-20、图3-21）。

动漫玩具企业核心的竞争力是品牌，而要提升玩具品牌的影响力，则应该在产品的创新及设计上做文章。企业不断设计出新颖的动漫玩具以吸引消费者，是塑造品牌的关键。

中国动漫玩具企业必须以创意为核心，市场为导向，通过自主研发，强调创新，树立品牌。此外还应该根据不同消费者的特点及需求，探求适合中国国情的动漫玩具产品的设计方案，提高中国动漫行业整体创新设计水平，建立中国动漫玩具品牌效应，培育良好的动漫玩具市场，才能使动漫玩具迅速走俏市场，动漫玩具企业才能在激烈的市场竞争中脱颖而出。

二、动漫玩具与游戏结合

动漫与游戏的关系非常亲密，游戏是一种娱乐，而玩具则是游戏所用的器具，看动画片、看动漫也是娱乐的一种形式。所以，从娱乐的意义上来讲，它本身就是游戏，它们是密切相关的。

动漫游戏玩具虽来源于虚拟的形象，但是它们往往都被赋予个性，具有社会角色所具有的一切特征，它们已融入生活，使其本身成为生活的重要组成，扩展了玩具本身的定义，满足了受众心理需求。动漫玩具与游戏结合具有以下优势：

1. 动漫游戏玩具生动的人物形象使其深入人心

动漫游戏玩具之所以受欢迎不仅仅因为它可爱或怪诞的造型，更重要的是玩具透着灵性，每个动漫游戏明星形象都有属于自己的故事背景，有自己的生活环境，也有鲜明的内在性情，动漫游戏玩具实现了载体的功能，使它们的“人性化”特征自然显现。动漫玩具被赋予生命，赋予大众喜欢的特点和情感，使它们深入人心，让人们迫不及待地把自己所喜爱的荧幕宠儿带到自己的生活中去。以同名动漫为原型而制作游戏，但也有一些动漫游戏纯粹的以动漫人物与类似动漫的情节为主板；其中以同名动漫为原型而改编的游戏可能占的比例多些，例如《新世纪福音战士 钢铁的女友》《致命伪装》等（图3-22、图3-23）；而另外一些纯粹以动漫人物与类似动漫的情节为主板的游戏，例如《大剑女仆》等（图3-24）。动漫玩具虽来源于虚拟的形象，但是它们往往都被赋予个性，具有社会角色所具有的一切特征，它们已融入生活，使其本身成为生活的重要组成，扩展了玩具本身的定义，满足了受众心理需求。

2. 动漫游戏玩具的真实形象具有高度的收藏价值

从美国孩之宝公司1984年推出变形金刚玩具至今近30年历

图3-22 新世纪福音战士 钢铁的女友

图3-23 致命伪装

图3-24 大剑女仆

史，变形金刚玩具经历了第一代、第二代、第三代、超能勇士系列（图3-25）、猛兽侠系列（图3-26）、RID系列、Armada系列、Energon系列及Universe系列等几个主要发展时期，涌现出头领战士、目标战士、微型战士、隐者战士、Actionmaster和Autorollers等众多系列变形金刚玩具产品，其玩具种类更是不下上千种。近30年来变形金刚玩具销售经久不衰的事实就可以看出变形金刚玩具受欢迎的程度。这不得不说变形金刚具有很高的收藏价值。

日本漫画界一代宗师手冢治虫的首部连载作品《铁臂阿童木》1952年刚刚问世，就轰动了日本。这个聪明、勇敢、正义的小机器娃娃几乎是人见人爱。这部长篇连载故事加上后来制作的同名动画在电视台播放，先后持续了13年。《铁臂阿童木》还改变了一些人对连环画的偏见，那些以前认为儿童连环画会影响

图3-25 超能勇士系列

图3-26 猛兽侠系列

学业甚至还会受到不良影响的家长们，开始鼓励孩子看连环画。《铁臂阿童木》的动画片还在美国NBC电视台播放，美国的孩子们看了《铁臂阿童木》觉得主人公很可爱，但是使他们受到感动的是故事情节，那种独特的表现方式使他们至今难忘。动画片《铁臂阿童木》不仅在海外销售很好，以铁臂阿童木为主题的动漫玩具也是经久不衰（图3-27、图3-28）。

3. 稳定的消费群体支持使动漫玩具营利可观

动漫玩具的成功绝对离不开动漫作品本身的成功，动漫的热

图3-27 铁臂阿童木

图3-28 铁臂阿童木玩具

播无形中扩大了动漫玩具的宣传，促进了动漫玩具的销售，使得动漫玩具往往具有相对稳定的消费人群，扩展了动漫产业本身的市场空间。

卡通片《喜羊羊与灰太狼》曾一度使小朋友着迷，相关玩具也受到小朋友的喜爱（图3-29）。

动漫玩具往往具有相对稳定的消费群体，玩具的系列化一方面不仅满足了动漫迷对动漫角色的情感需求，使动漫角色不断融入生活，成为生活的一部分；另一方面也使动漫玩具的潜力得到了最大限度的开发，拓展了动漫玩具的市场空间。

动漫玩具的成功正在于它的设计结合了人们的消费心理，完成了自身感情寄托的功能，唤起人们内心美好感受和对某种生活

图3-29 喜羊羊与灰太狼玩具

情景的体验，而正是这种体验与亲和力给产品带来了动漫玩具的神话。

我国动漫产业发展迟缓，尽管国家对动漫产业给予政策扶持，但目前国产卡通片和漫画形象仍很少能衍生出相应的玩具产品，使得动漫创作难以获得预期的经济收益，从而制约了我国动漫业的发展。对于动漫玩具相关的课题研究，国内外有些资料已从各个角度开展了研究。这些研究内容往往局限在某一学科领域，相互之间的交叉性还是不够，而把青少年教育、动漫研究等理论运用到玩具设计实践的并不多。因此，动漫和青少年玩具设计的结合，将是一个值得期待的课题。

第四节 玩具设计与科学技术

科学与玩具设计实际上共处一个统一体，双方相互影响，对立统一是它们的本质特征。对于玩具设计来说，科学技术始终伴随着它。玩具设计与科技以实践为纽带相互影响，科学技术是玩具设计的基础，玩具设计是科学技术实现为人类服务的重要途径。无论是在传统手工艺设计时期还是现代工业化的玩具设计时期，以及从原始社会的陶制玩具到现在的电子科技玩具，都表现出艺术设计与科技的完美结合。

一、科技的发展拓展了玩具设计的界限

玩具设计是人类文明发展历史的一部分，从它的诞生之日起就与技术、艺术也与商业经济有着割不断的联系。玩具从诞生的那一刻起，就与科学技术的进步紧密联系在一起。从原始社会开始，人类就会利用技术来制造玩具，石制玩具、陶制玩具、玉器玩具、金属玩具、瓷制玩具、木制玩具、塑料玩具、电子玩具等，正是一系列科学技术的进步促进了玩具设计的进步与发展。科学技术的进步构成了玩具设计的大环境，无论哪个时代的造物活动和设计都脱离不了特定时代的社会生活与社会制约。科学技

图3-30　遥控飞机

图3-31　遥控汽车

图3-32　会说话的智能“海宝”

术进步与环境状况的种种改变，也一定会改变玩具设计师所选用的材料，改变设计方法和风格。随着技法、材料、工具的改变与变化，科学技术对玩具设计活动产生着直接的影响。

现代科学的迅猛发展扩大了玩具设计表现的手段，使产生设计的灵感发生了日新月异的变化，使设计原用以传达自己的媒介得到了不断更新。20世纪以来的电子技术、合成化学技术、生物技术、计算机技术等，以前所未有的力量深刻影响和改变着人类的文明史，直接推动了整个20世纪百年设计思潮的风起云涌，为玩具设计的发展开辟了更为广阔的前景。正如遥控玩具飞机（图3-30）、遥控玩具汽车（图3-31）、智能娃娃等这些科技含量较高的玩具产品（图3-32），若是没有现代科学技术的进步与发展，是不可能展现在我们的面前的。可以说，科学技术的发展对设计的影响是巨大的。

设计对于科学技术而言，是其艺术化、生活化的存在方式，是科学技术向生活转化的通道。同样设计与科学技术结合，科学技术在设计中为人类实现其需求提供了丰富的内容和手段，也为设计的发展提供了根本的保证和更广阔的空间。

科学技术的不断发展使玩具设计的材料得到了不断的更新，每一种新材料的运用都会极大地推进玩具设计的发展，构成设计发展的动因，为玩具设计提供新的表现空间。材料也为设计师提供了丰富的创作灵感，新材料、新技术创造新的功能与形式，可以说现代玩偶设计的历史就是设计师不断地采用新材料的历史，例如，陶制玩偶、青铜玩偶、布绒玩偶、塑料玩偶、树脂玩偶。春秋末年齐国人撰写《考工记》，其中指出："天有时，地有气，材有美，工有巧，合此四者，然后可以为良。"此语可谓恰如其分。科学技术的进步，有助于形成新的设计表现形式。

在现代玩具设计领域，最重要的材料就是塑料。1909年，美国科学家发明了酚醛塑料，随着阻燃的醋酸纤维以及可自由着色的尿素树脂的出现，由此拉开了塑料工业的序幕。这种复合型的人工合成材料易于成型和脱模，而且价格低廉，为设计师提供了更多的自由空间，受到玩具设计师们的青睐，赋予了它"民主的材料"的称号。塑料自20世纪30年代建立起自身的工业地位开始，塑料广泛地应用于电器、电子通讯产品、玩具（图3-33、图3-34）、家具、办公用品、机器零件、包装容器等各种日常生活用品。当代新型塑料丰富的色彩、成型工艺上的灵活性，使玩具设计呈现出新颖的形式，因而更适于产品符号的灵活运用和独特设计风格的表达。

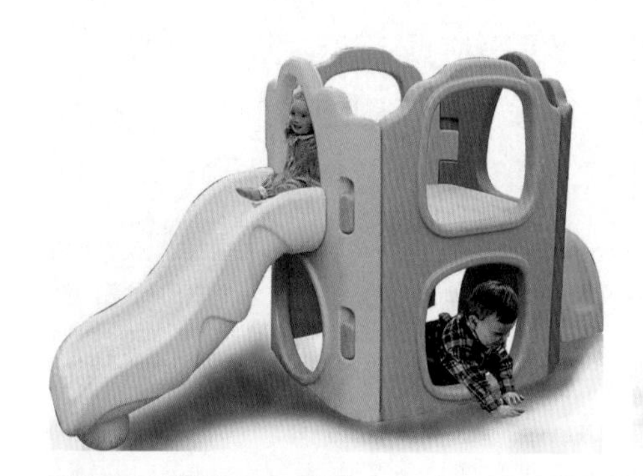
图3-33　塑料儿童玩具

图3-34　塑料"芭比"玩具

二、计算机技术的运用丰富了设计手段

早期的设计都需要设计师去手绘图纸以及效果图，在方案出来之后，还要进行很多模型的制作，要消耗大量的时间和精力。20世纪50年代以来的计算机技术和新兴的信息技术引起了设计生产和设计模式决定性的变革。随着计算机信息技术的发展，产出了CAD技术（即Computer Aided Design，计算机辅助设计），用计算机画图纸已成为今天设计流程中不可缺少的环节，用软件做出的制图比手绘会更加精准而又高效（图3-35），效果图的制作也有多种软件可以实现；模型也不再需要有专门的模型师，设计师直接可以在三维软件里做出虚拟的三维模型，同时这些虚拟模型可以直接连接到机床上，由机器自动加工出来，既准确又方便快捷。

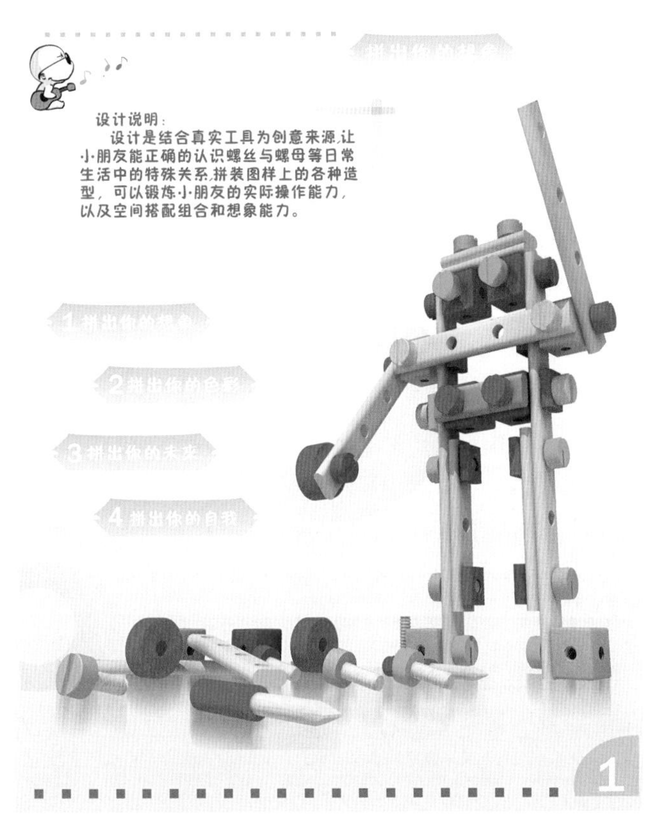

图3-35 电脑效果图

设计师运用计算机完成计算、绘图、排版、数据处理和存储等原来由人工完成的繁重工作，减轻了人工负担，缩短了设计周期，提高了设计质量。计算机的虚拟技术能够为客户提供各种直观图像，可以反复修改、重画图形和改换色彩，拓展了设计师的想象空间，大大提高了设计的效率和设计创作的自由度。

三、科学进步刺激设计大胆创新

科学能够积极地诱导着艺术的大胆创新。就大家熟悉的布绒玩具而言，人们在它的身体里加入电子芯片或者数码技术之后，它不但能够唱歌跳舞，而且还可以与人交流互动，大大增强了玩具的娱乐性和科技性。例如由美业公司出品最新智能语音娃娃“超级逗逗”（图3-36），它模仿真人的效果，面部、手脚均采用先进的特殊软胶技术，以独具匠心的配方使之具有手感好、弹性好、易清洗等特点，仿真的肤色和新型的发型，配以时尚的服饰，就像电视

图3-36 美业公司 超级逗逗

剧里的超级小模特。它的眼睛功能、灵活转动的头部、高清的语音效果、高度灵敏度的识别能力再配有同步的嘴巴动作。“逗逗”可爱的形象就像一个有生命的娃娃，不但吸引了小朋友，同时很多年轻人也成为了它的“粉丝”。

四、设计可以促进科学技术的发展

玩具设计是一种创新性的行为，它要求设计师有敏锐的思维和大胆的想象力。不能把思维仅限于当前的环境，还应该对未来进行某些“幻想”。例如风筝，它是世界上最早的重于空气的飞行器，本质上风筝的飞行原理和现代飞机很相似，绳子的拉力，使其与空气产生相对运动，从而获得向上的升力。

再如走马灯，近人徐珂《清稗类钞》说：“走马灯，元宵有之。以纸剪成马形，粘于纸轮之下四周，轮下有杆，能活动自转，烛焰煽轮，杆即自动，而纸马随之，故曰走马灯。”“咸丰时，西人某来华，见走马灯而异之，购一具以归，遂因以发明空气涨缩转动机械原理。”可见走马灯让人们认识到了空气涨缩转动机械的原理，为蒸汽机的发明奠定了基础。

人们通过“幻想”的概念设计，会促进对新能源的研究和开发，进而促进科学的发展。

第五节 玩具设计与文化

文化是一种社会现象，是人们长期创造形成的产物。同时又是一种历史现象，是社会历史的积淀物。广义的文化是人类创造出来的所有物质和精神财富的总和。民间玩具是中国传统文化的一部分，玩具设计是人类长期的生存发展过程中相当重要的创造性活动，它丰富了文化的内容。玩具设计中包含着丰富的文化内涵，在一定程度上反映出历史文化的发展脉络。无论现代玩具设计怎么发展，都与传统文化有着一脉相承的关系，也离不开文化这片沃土的滋养。

一、传统文化对古代玩具发展的促进作用

在我国设计艺术的发展过程中，先人们创造了大量的深邃而精彩的文化符号。在科技高度发达的现代社会，这些传统文化符号所蕴含的精神及美学思想对现代玩具设计发展有着非常重要的意义。中国玩具设计的发展必须拥有自己独特的文化底蕴，现代玩具设计的审美观念与商业性需求使得传统文化必须与时俱进，市场竞争国际化以及世界各国文化的相互融合与多元化也促使我们把传统文化融入到玩具设计之中。中国的传统文化对玩具设计曾经发挥着十分重要的作用，玩具设计也受到传统文化相当大的影响。

我国的玩具文化源远流长，远在新石器时代就出现了人类原始的玩具，如石球、陶哨等。而在众多的古代玩具中，棋类玩具应该是受中国传统文化影响最深的产物。在唐代曾经将琴、棋、书、画列为人的四大文化修养。古代的棋类玩具如象棋、围棋（图3-37、图3-38），至今仍是中国最受欢迎的大众化棋类玩具。在我国古代，文人们也经常将下棋与他们的文学创作联系在一起的。因此棋类玩具不但是一种优雅的活动，其中也蕴含了对下棋者较高的智力要求，它不仅可以愉悦身心，而且可以开发智力，也是传统文化与玩具设计结合最好的一个实例。

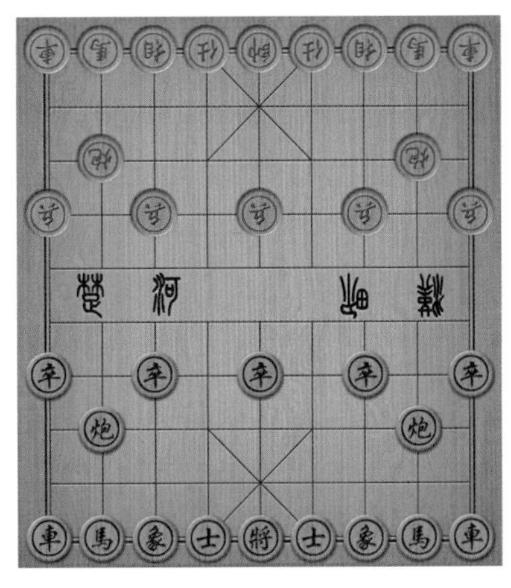

图3-37　中国象棋

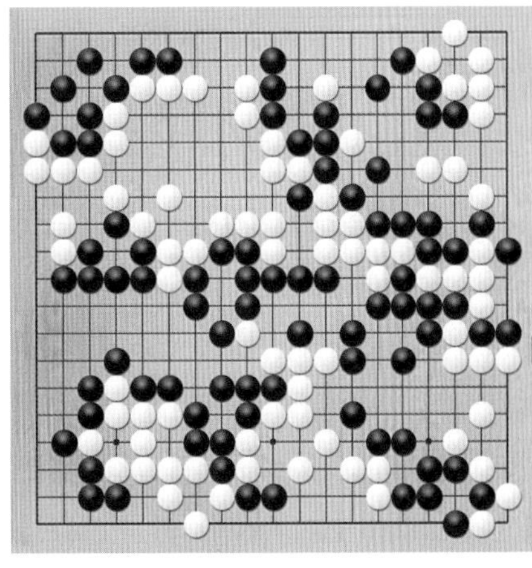

图3-38　中国围棋

二、传统文化对现代玩具设计的影响

改革开放后，随着社会经济的快速发展和人们生活水平的提高，人们在满足物质需求的同时对精神的需求也越来越多，娱乐的时间越来越多，娱乐的方式也越来越丰富，使其形成了与有形玩具关联的无形文化和思潮、观念等。玩具设计经过30多年的风雨洗礼已经有了较大的发展，但还是不尽如人意，直至今日，我们始终有一种困惑，就是我们的玩具设计整体上无法形成与我们的文化底蕴相衬的面貌，可以说，我们还没有形成“中国特色”的玩具设计。

我国的玩具产品要想在国内外占领市场，关键是必须具有自身的独特面貌，那就是玩具设计的民族化，把玩具设计与传统文化紧密地结合起来。在这个信息化高度发达的时代，科技日新月异，人们的生活方式和价值观念发生着前所未有的巨大变化，玩具设计作为文化的一部分，也应该考虑文脉的延续，新的玩具设计文化的血脉里应当有传统文化的精血。对于中国这样一个世界上第一大玩具生产国来说，在广纳国际多元文明艺术精华的同时，必须责无旁贷地传承并且发扬本土的、传统的、经典的文化艺术及其所蕴含的优秀精神。

中国传统文化既是抽象的又是具体的，琴棋书画、民间艺术、玉器古玩、古典园林都是代表，具有典型的“符号”特征，例如书法里的“飘逸空灵”“苍劲有力”，民间艺术的“稚拙之气”，古代建筑飞檐斗拱的轻灵紧凑和曲径回廊中的节奏韵律，重在意境的构图法则，协调典雅的色彩设置，以及其中包括的对空间、材质、肌理以及虚实疏密等方面细腻的心理感知等，都是典型的中式特征。这些代表中国传统文化的视觉符号经过历史的积淀后具有很好的再生性，可以和现代玩具设计理念相结合，通过现代设计手段生成新的视觉符号体系。现在，一方面，有部分玩具企业为了追求短期的经济效益，不愿意去开发玩具新产品，而是一味地模仿西方的玩具设计风格的作品，所以才会有那么多人丢掉值得珍惜的东西。另一方面，部分玩具设计师由于缺乏对传统文化的深刻理解，即便将传统文化符号挪用在玩具设计中，这些符号仍然无法与现代设计很好地融合在一起，只是简单地复制、挪用。我们说，将传统文化符号融入玩具设计，不是简单地照抄照搬，而是对传统文化符

图3-39 奥运“福娃”塑料玩具

号的再创造。这种再创造是在理解的基础上，以现代的审美观念对传统中的一些元素符号加以改造、提炼和运用，使其富有时代特色，同时也体现民族个性。

例如韩美林先生领衔设计的奥运“福娃”（图3-39），可谓是非常经典且具有中国特色，人们都被这五个饱含民族文化的小精灵而折服，分别借用中国特色的元素为代表，把“东南西北”与“金木水火土”的中国文化精神反映得恰到好处，这种设计少了一些商业气，多了些文化气息和亲和力。

三、流行文化对玩具设计的影响

流行文化是时装、时髦、消费文化、休闲文化、奢侈文化、物质文化、流行生活方式、流行品位、都市文化、大众文化以及群众文化等概念所组成的一个内容丰富、成分复杂的总概念。这个总概念所表示的是按一定节奏、一定周期、一定地区或全球范围内，在不同层次、阶层和阶级的人口中广泛传播起来的文化。流行文化是我们身边的文化事实，它正在陶冶我们的生活，同时我们的生活也可能成为新的流行文化产生的契机。

平台玩具是对于混合街头艺术、涂鸦、自我意识的原创玩具的总称。一件单纯的平台玩具具备无限延伸的可能，浅层来看又是一种新型玩具，深化来看是一个无国界、无指定表现形式的画布，再深入来看又是一个浓缩了流行文化的时尚载体，一个深受大众宠爱与认同的艺术平台。平台玩具的设计方式和表现形式都植根于流行文化，从流行文化中吸收养分、获取灵感。流行文化的时尚、流行、边缘、另类、个性的特征在平台玩具上得以体现。平台玩具也造就了当代城市的流行文化，成为流行文化与艺术的综合体。

流行文化时尚、流行、边缘、另类、个性的特征在平台玩具中得以实现。首先从平台玩具的设计行为、设计方式来看，作为具备流行性质的新锐玩具产品，平台玩具的设计方式与传统玩具有本质的不同，设计方式主要分“跨界合作”和“大众创作”两条渠道并行。跨界合作又称Crossover，原意是指两个不同领域的合作。近期这个词汇频繁地出现在各类时尚杂志和网站上，也说明词汇本身凝聚了潮流与时尚。平台玩具的跨界合作主要分为两种形式：品牌与品牌之间的合作、品牌与设计师艺术家之间的合作。合作双方强强联合，发挥各自的优势，以达到最大限度的设计发挥和品牌拓展，而不仅仅是合作销售或者代工。虽然是一加一的合作模式，结果却有着大于二的效果。

传统玩具的设计灵感多数来源于古老的童话寓言故事，普通角色玩具的设计灵感多数来源于动漫游戏角色的转化，这些玩具形象相对固定，延展性不佳。平台玩具则不同，“平台”的特征允许其设计广泛取材，没有太多的约束。而平台玩具的流行性属性，表现形式上必然植根于流行文化，从流行文化中吸收养分、获取灵感。平台玩具来源于当代都市流行文化，是对流行文化的分析、解构、提炼和重组。但从另一方面来说，平台玩具也造就了当代城市的流行文化。

1. 主题创意

平台玩具的主题创意灵感植根于流行文化。平台玩具的主题设计从街头文化和流行艺术中提炼、抽取设计元素和符号，作为创作素材再重新编码融入到素体造型中。如经典动漫、日韩服饰、街头音乐、商业招贴、经典案、大众小说、科幻电影、朋克文化、拼布文化等都是平台玩具创作的灵感之源（图3-40、图3-41）。

例如，Medicom Toy公司推出的音乐系列BE@RBRICK（图3-42），其中一款是为了纪念猫王去世30周年推出的“猫王

图3-40 朋克风格玩具

图3-41 拼布玩具

图3-42 BE@RBRICK

图3-43 "猫王BE@RBRICK"

BE@RBRICK"（图3-43），主题图形延续了猫王的经典造型，标志性墨镜和大鬓角发型形象巧妙设计揉进BE@RBRICK身上，带有金色花纹的白色衬衫后背印着猫王埃尔维斯·普雷斯利的名字。经典的猫王形象得以在平台玩具BE@RBRICK身上重现，不仅仅是经典角色人物的还原，更是角色内在意义的再次翻新。再例如中国内地品牌TOY KINGDOM出品的一组"汶川地震"主题警示玩具。这款玩具主要向人们展示了汶川地震一片狼藉的场景（图3-44）。

2. 素体造型平台玩具

素体造型多数为小动物的拟态设计，如BE@RBRICK酷似泰迪熊的可爱外形，Dunny大头兔的造型，QEE小熊、小兔、小狗的造型等。这些素体造型饱满、外轮廓简单，具备一定包容性，利于后期不同风格的主题涂装。素体造型的基本尺寸也都呈现小型化，高7～8cm，小型化的设计是考虑到平台玩具把玩和收藏的需要。但从深层心态文化来看，兴起于日本和香

图3-44　KINGDOM“汶川地震”主题警示玩具

港的平台玩具呈现这种小型化的、拟人化的、Q版的造型也影射出一种可爱文化，符合新新一代的玩家迷恋卡通、偶像朝拜的心理特征。

在表现手法上，很多平台玩具的素体造型都表现出一种拼凑风格，即人物身体造型+拟人化的动物形态。如BE@RBRICK拼凑了乐高积木人泰迪熊（图3-45），QEE的系列素体则拼凑了人体造型和各种小动物的头部造型。这种拼凑与置换不仅是为了借用

图3-45　日本品牌BE@RBRICK熊作品

原形态（如泰迪熊）在玩家中的美好记忆，也反映出平台玩具玩世不恭的、趣味的设计特征。

平台玩具作为潮流玩具的一种，是承载着流行文化的平台，必然反映出当代流行文化的大致面貌。

3. 玩具设计对文化的影响

玩具设计对人类文化的影响主要体现在以下几个方面:

（1）玩具设计是物质文化的创造　玩具产品是人类文化的物化形式、静态形式。玩具设计创造的文化比人类以前的任何物质文化都具有创造性。例如，玩具“孔明锁”就是物质文化创造的典范，孔明锁相传是三国时期诸葛孔明根据八卦玄学的原理发明的一种玩具（图3-46），曾广泛流传于民间，是中国古代传统的土木建筑固定结合器，民间还有“别闷棍”“六子联方”“莫奈何”“难人木”等叫法。不用钉子和绳子，完全靠自身结构的连接支撑，就像一张纸对折一下就能够立得起来，展现了一种看似简单、却凝结着不平凡的智慧。

（2）玩具设计影响和丰富了人们的生活方式　这里主要指学习、娱乐、健身等生活方式。生活方式的变化，表示着文化的发展。例如玩具“风筝”，它的出现不但丰富了人类的娱乐形式也丰富了健身的形式。放风筝能使人情绪开朗、心情愉悦。放飞时，大脑高度集中，无疑会消除人的内心杂念；放飞者极目蓝天，其心胸也会感到开阔。此外，春季草长莺飞，触目皆景，放飞风筝，如同一次人与自然的美好对话。玩具设计所创造的文化对人民的生活方式产生着重要影响。

图3-46　孔明锁

（3）精神观念的更新　玩具设计所创造的物质文化，形成了人们生存与发展的第二环境，这一环境强烈地作用于人的意识，促使人的精神观念不断地发展与更新。玩具设计更新人的精神观念，主要表现在消费观念的变化与审美意识的扩展两个方面。

第六节 玩具设计与艺术的关系

玩具设计作为一种文化现象，它的变化反映着时代的物质生产和科学技术水平，也体现一定的社会意识形态的状况，并与社会的政治经济、文化、艺术等方面有密切的关系。原始时代大多数手工制作的玩具既是工艺品又是艺术品。这一时期的人工制品大都不是纯粹从审美的动机出发的，着重考虑的是它在实际生活中的可用性。而后者是主要的，审美的要求只是满足次要的欲望而已。

人类生产和创造活动中，实用与美观相结合，赋予物品物质与精神双重作用，这是人类玩具设计活动的一个基本特点。随着生产的发展和社会的分工，玩具设计与艺术开始分离走向互有区别的两个独立体系。但无论从玩具设计或从艺术发展轨迹来看，玩具设计与艺术始终是相互影响、相互渗透并相互作用的。如文艺复兴时期的伟人达·芬奇，他不仅是一位画家，还是一位雕刻家、建筑学家、气象学家、物理学家、工艺师等（图3-47、图3-48）。同一时代的米开朗基罗、丢勒等都属于兴趣广泛知识渊博的全才。文艺复兴时期艺术与工艺在分离的同时仍存在着千丝万缕的联系。

在玩具造型的设计上，除了使玩具符合其功能特点，反映现代先进科学技术之外，还要求给人以美的感受。因此，玩具造型设计必须在表现功能的前提下，在合理运用物质技术条件的同时，要充分地把美学内容和产品语义融合在造型设计之中，将

图3-47 达·芬奇手稿

图3-48 达·芬奇手稿制作的模型

独特而富有美感的造型寓于整体设计风格之中。在选材上，它追求材料的应用与功能、结构要求相符，并且与生产技术、工艺流程相宜，表现材料之美和工艺之美。在色彩上，它要考虑如何充分利用材料的天然本色，同时选择最适当的颜料、涂料、染料，利用理想的色料处理工艺，使之与造型、使用功能、审美心理相宜，并表现出某种个性及设计风格。在产品表面处理方面，选择最佳处理工艺以表现和创造材料的肌理之美，从而达到理想的视觉及触觉效果。在产品的装饰上，要求设计者将艺术符号、纹样、色彩构成等与产品的功能、审美等方面综合的思考，巧妙地运用艺术手法使之合乎大众的审美心理和审美趣味，增强产品的情感因素以及艺术感染力。总之，玩具设计要追求艺术形式的完美，通过形态美、材质美、色彩美、装饰美，表现现代玩具产品的精神功能，表现现代社会人们的审美意识，反映出民族及时代的气息。

第四章 玩具设计与玩具产业

第一节 玩具设计在企业中的地位与作用

一、在玩具企业的整个生产过程中玩具设计起着指导作用

玩具设计必须充分考虑各种因素以及要达到的目的，它要依据决策者的意图，结合市场需求、结合科学新技术的采纳、结合对目标对象的生理和心理诉求调查分析结果进行统筹规划，提出创意构思的理念，并要表述给大家，要让设计人员、企业决策者和管理者、生产者充分理解设计意图，使他们真正懂得设计所要达到的目的。只有这样，才能生产出各种具有良好功能、质量的玩具。

二、玩具设计是玩具企业增强市场竞争力，提高效益的重要手段

玩具设计作为一种系统工程，需要与众多部门、众多专业人员配合规划设计，并贯穿到玩具的整个生产、流通和销售过程，

影响着产品的整个生命周期中。通过科学的设计使玩具造型、功能、结构和材料合理化的同时，省去不必要的功能、不必要的结构和不必要的材料以降低产品成本，提高企业的经济效益。通过对玩具产品的设计，在产品中注重审美和象征意义上的价值，增强产品的市场竞争力，为企业提高效益。在市场激烈的竞争中，玩具质量是企业成败的关键，高质量的玩具能为企业带来更多的经济利益。玩具设计要使产品成为商品时具有方便的包装、合理的贮存、运输、维修，以及成为用品、废品后便于回收、降解，以降低对环境的污染等。另外，通过设计建立完整的企业形象，能使企业增强市场竞争力，提高企业经济效益。企业形象对企业来说十分重要，与众不同、别具特色的企业形象有利于企业在激烈竞争中突出自己，使企业在用户和消费者中享有优秀高质量的企业形象，得到公众的信赖。

三、玩具设计在企业与市场之间起着桥梁的作用

设计一方面将生产和技术转化为适销对路的商品而推向市场，另一方面又把市场信息反馈到企业，促进生产发展。玩具产业的发展与市场分不开，玩具设计的目的是满足消费者的需求，提供给消费者更好的玩具产品。设计者要广泛地深入到生活中去，从生活原点出发，真正了解市场变化和人们不断增长的新需求，使企业及时调整生产结构以适应市场变化，引导消费。当一项设计完成之后，还必须将这项设计拿回到市场上去检验优劣。通过市场反馈的作用来及时地调整出适合市场的玩具产品。

四、玩具设计促进了企业新技术和新材料的开发

由于玩具设计着力于提升人们的生活质量、新生活的追求，所以对新科技成果特别关注，新技术和新材料的诞生可以为设计师提供丰富的创作灵感，新材料、新技术创造新的功能与形式。所以玩具设计对新科技成果特别关注，从而也就对新技术、新材料提出了要求：在新的创造性开发设计中，追求新技术给人们带来价值品位，追求新材料给人带来视觉享受和触觉的感知愉悦。这样的玩具产品能够给人“耳目一新”的感觉，同时也能为企业创造较好的经济效益。

第二节 玩具产品的附加价值

无论是历史上的工艺珍品，或是今天世界上有竞争力的商品，我们不难看出它们都是经过精心设计和精心加工的，并具有高附加价值。可见，设计与附加价值有着不可分割的关系，设计是创造附加价值的重要武器。新的产业革命已把设计推进到了一个崭新的时代，已引起世界上越来越多国家重视了。

一、认识产品附加价值

产品的附加价值是以满足消费者精神上的有用性为前提的。商品附加价值中包含着无法用数量计算的“美感”“优越感”“舒服感”以及丰富多彩的精神生活等，以满足消费者的精神需求。附加价值是知识与智慧的价值。高附加值的商品由于反映了消费者的主观爱好，符合时代的消费风潮，因此，消费者愿意花高出生产成本的价格来购买。商品附加价值的物质承担者是商品，它的具体物质形态体现的是商品的商标、包装、声誉以及追加功能、附加利益等，这些正是用知识与智慧创造出来的价值。它最终体现在商品经营中，表现出超乎寻常的利润率。例如一家普通生产童车的企业，童车的质量也很好，但是缺乏品牌效应，市场占有率低，经济效益差。但是这款童车如果被广东好孩子集团授权生产，售价也会大幅提高，这就是品牌带来的产品附加值。

二、具有附加价值玩具的特点

高附加价值玩具层出不穷，那么它有哪些特点呢?

（1）大多是名牌产品　质量上乘，享有信誉，大多标有名牌商标或国际行业信誉标记，如孩之宝、美泰等。

（2）运用高科技的新产品　如遥控汽车，遥控飞机、电子玩具等。

（3）由特殊材料或稀有材料制成　如记忆金属（为钛、镍合金）玩具，记忆纤维丝绸制成的织物玩具等。又如美国有一种最畅销商品“伊丽莎白一世”号船上的铜制品。“伊丽莎白一世”号船在香港海面发生火灾而沉没，潜水员潜入海底，收集了船上所有的铜，然后将其制成装饰品、圆珠笔等在市场抛售，且在每一件制品上都刻有定货人的名字，并加上标记，注上是用“伊丽莎白一世”号船上的铜制的，在美国引起了轰动，价格十分昂贵，附加价值很高。

（4）具有功能上的奇特新颖　即意外性、趣味性和便利性，如会讲话的毛绒娃娃等。

（5）大多为知识密集型（高层次产出）新玩具　如索尼机器狗、乐高机器人等。

（6）具有特殊意义的功能价值　例如奥运会、国际博览会等玩具，节日庆典玩具，各种高级礼品玩具等。

（7）限量生产　随着数量的增加，越普及附加价值逐步降低，这也是新产品开发中规划的基本原则。如限量版玩具、工艺品等。

（8）一般是设计优秀之作　设计新颖，价值则高，反之则低。凡评为优秀设计的就应提高附加价值。

（9）高附加价值产品正向系列化方向发展　以进一步提高企业形象，加强宣传效果。一般采用CI（Corporate Identity）方法，成效日益明显。

三、玩具设计对附加价值的作用

设计是一种利用知识、智慧进行的密集型创造性活动。它不同于物质材料，商品的物理化学性能都可以测定出数据，设计是无法量化的价值，如商品的精神功能，带给人形、色、装饰、肌理等感觉上的满足都是很难测量的。所以，设计作品是知识与智慧的结晶，设计能产生附加价值。优秀的设计附加价值高；劣质的设计附加价值低，甚至没有。例如同样是娃娃，著名设计师制作的毛绒娃娃可以卖几百元一个，而一般的毛绒娃娃只有几十元甚至十几元一个。高水平的设计与高技术的结合必能产生高附加值。

改善玩具设计也能提高附加值。玩具的设计应充分考虑市场消费愿望，对已有玩具在外观、性能等方面重新规划和考虑。它并不需要科技有多大突破，而是利用现有工艺手段就可进行。有些玩具甚至只需做很小的改动，就可身价大增。例如1996年好孩子集团1996年设计研发的秋千式婴儿车，取名为“爸爸摇，妈妈摇”，打开了美国市场。这款叫做“爸爸摇，妈妈摇”令全球最大的儿童用品公司——美国多利儿青少年集团公司的北美地区总裁尼克·考斯代德非常惊讶，他见到这款童车就决定要来中国好孩子集团考察，几天之后，他来到了好孩子集团，并且当场确定与好孩子集团的合作关系。1996年秋天，这种精美的婴儿车进入了美国儿童用品的所有主流销售渠道，一时间风靡美国市场。

改进玩具包装装潢设计是提高附加值最卓有成效的途径。玩具的价值主要由两部分组成：一部分是玩具的实用价值即产品的质量；另一部分是通过包装设计所传达出的品牌与产品卖点价值。好的包装设计不仅能最有效地传播产品信息，使顾客了解产品的实际使用价值，更能提升产品的心理价值，使顾客能通过包装设计所传递的信息暗示他能获得许多非产品的价值。

可见，包装设计作为创造商品附加值的方法被多数企业经营者及包装设计者所追寻。“包装常常比盛装在里面的产品还重要”，这句话道出了现代包装的附加值取向中新的含义。但是也随之出现了使包装的附加价值明显突出并走向极致，甚至越来越背离现实生活的轨道，出现了大量的“华”而不实的包装商品。这种附加价值的极致是不可取的。包装设计要讲究“度”，包装要真正成为融物质与精神、实用与审美为一体的全方位的设计，从而坦然地创造高附加值。

“玩具的附加值”不是外物固有的，外在于人孤立地、静止地存在，而是在与人的现实需求的相互关系中，人利用外物的能力和尺度的值。玩具附加值又是设计活动中最高层次的内容，也就是说，人总是在造物活动中表现他能体验到的最符合他的符号本性的价值。正是这种对最高价值的追求。才使玩具的设计与使用不断发展为新的方式。

四、提高玩具附加值势在必行

近年来，国际油价持续攀高，与石油相关的原材料价格也随之上扬，塑料价格较年前上涨30%～40%。而一件玩具中，塑料成本大概占据总成本的60%～70%，大大增加了塑料玩具的生产成本。这就要求生产企业必须跨越原料价格高涨、贸易壁垒和3C认证等重重障碍。有人认为，国内玩具企业面临着如此多的困难，制约其发展的主要因素可以归结为质量不高和技术含量低。据此，我们不难找到解决难题的路径：研发符合安全和环保要求的产品；利用科技创新，提高产品附加值，并向高档化迈进。

优秀的设计除考虑玩具的实用、造型的别致、包装的精美外，还要尽可能赋予玩具更多的文化含量和更高的艺术品位，达到实用性与艺术性、实用性与促销性的完美结合。这在品牌商品的设计中尤为突出，外在的独特包装和新颖设计已成为名牌玩具不可或缺的象征性标志。品牌玩具的设计可带来直观的名牌形象，运用在产品上就可以迅速提升产品的附加价值。所以，我们要充分发掘传统产业和传统文化的特点，运用中华民族的智慧设计出具有高附加价值的商品，创造有中国特色的世界品牌，使它们在世界上占有一席之地。

第三节 玩具产业链概况

中国玩具产品出口到世界120多个国家和地区。美国、欧洲、日本和中国香港是中国玩具出口的主要市场。美国、欧盟和中国香港为最主要的玩具出口市场。根据海关统计2008年1—10月，中国对美国、欧盟和中国香港分别出口30.1亿美元、19.2亿美元和4.9亿美元；对上述3个市场合计出口玩具54.2亿美元，占总出口额的73.9%。带有“中国制造”的玩具，占据了世界玩具的大半壁江山。

一、中国玩具业以加工贸易为主，处在玩具产业链的末端

由于受历史因素影响，我国玩具业主要以加工贸易方式为主，一般贸易为辅，大部分玩具最终销售到国外市场。20世纪80年代，东南沿海的广东、福建、江苏、浙江、上海五省市成为我国玩具产业最早起源地。目前广东是我国玩具制造的主导地区，2008年1—10月，广东省企业出口玩具52.3亿美元，增长5.6%，

占全国玩具出口额的71.3%。从以广东为代表的中国玩具业发展以来，玩具生产主要从事来料加工、来件加工、来样加工和补偿贸易“三来一补”的贸易形式，很少涉足生产贸易。此后独资、合资、合作生产玩具的三资企业在此基础上如雨后春笋般快速发展起来。根据海关统计，2007年我国玩具加工贸易合计出口48.5亿美元，占玩具出口总额的57.23%；一般贸易出口26.6亿美元，占玩具出口的31.36%。2008年与2007年基本持平，中国以加工贸易方式出口玩具48.6亿美元，占同期中国玩具出口总额的56.3%；同期以一般贸易方式出口玩具26.6亿美元，占同期中国玩具出口总额的30.8%。

近年来，加工贸易逐年呈下降的趋势，一般贸易比例是逐年上升的。这也说明中国玩具业随着中国经济实力的增长而不断走向成熟的趋势。当然，我们还要继续发展建设外销渠道并不断继续发展和巩固这一贸易格局，毕竟现在对拉动中国玩具业的出口快速增长和中国玩具业的强大依然起着重要的作用。

二、玩具设计产业链正在逐步形成

据统计，中国现有8000多家玩具生产企业，其中多以塑料玩具为主，年产值约500 亿元。近年来，随着内销市场的不断完善和规范，城乡经济水平的显著提高，更多的外向型企业开始加入内销行业，加上国家在政策上对玩具、动漫、游戏等“创意产业”的大力扶持，中国玩具行业的潜力将不断展现出来。伴随着市场对玩具要求越来越高，一些设计精良的玩具产品、拥有品牌声誉好的玩具逐渐受到消费者的追捧，国内多数玩具企业已经意识到了自主研发的重要性。例如广州的可儿玩具公司，他们根据中国传统文化自主研发的可儿娃娃就深受中国孩子们的喜爱，取得了良好的经济效益!

借鉴国外玩具产业经验，一些玩具企业从玩具延伸至动漫、婴童用品，向更广领域逐步扩展。根据广东奥飞动漫业绩快报显示，2011年公司实现营业总收入10.56亿元，同比增长17.02%，收入增长原因主要是动漫影视、动漫玩具等业务稳定增长的基础上，婴幼儿玩具和婴童棉品取得了较快增长，由此可见，玩具的产业链逐步形成。

玩具设计作为现代玩具制造业与创新创意高度集成的“智慧

产业”，是产业升级转型的重要助推力。而国内近年凭借其良好的工业基础和科技力量，大力发展文化创意设计产业。天津科技大学、湖北工程学院、广州番禺职业技术学院等一批高等院校先后开办了玩具设计专业方向，培养了一大批玩具设计专业人才，为形成玩具设计产业不断繁荣和发展的局面奠定了人才基础，高校逐年培养的玩具设计人才在优化产业结构、加快转型发展、建设创新型企业中发挥了重要的作用。

第四节 玩具设计管理

一、玩具设计管理的相关理念

就设计管理的定义，从不同的角度有不同的认识。归纳起来对设计管理概括认识为：设计管理即引导企业整体文化形象的多维的管理程序。设计管理是企业发展策略和经营思想计划的实现，是视觉形象与技术的高度统一的载体。以开发、设计为龙头，正确调整企业的活动与组织机构，创造出越来越具体化的属于其自身的表现形式，从而逐渐形成企业技术与文化的形象。在1966年的英国皇家艺术学会年会中就有人提出，其基本定义也不乏争论。在国内，设计管理最初较多应用于工业产品设计领域并取得一定的成功经验。近年来，随着中国玩具品牌和包括玩具设计在内的创意产业的快速发展，针对设计与品牌和生产脱节的种种形象，越来越多的人意识到玩具设计管理已经成为一个迫切需要解决的问题。

所谓玩具设计管理，广义而言，就是围绕玩具设计的产生和有效物化的人和事的管理。根据企业和品牌的目标和能力，有效应用与设计相关的资源，以达到设计的效能最优化和经济效益最大化。它涵盖公司、品牌和产品的设计管理，决定了如何在公司的人事组织结构、经济财务结构和产品结构框架内开展设计活动。

1. 玩具设计管理的原则

玩具设计管理的基本原则主要为：第一，保证设计任务的顺利完成，解决玩具设计的创造性、计划性和有效性等问题，就玩具品牌而言，主要保证品牌风格和产品格调的协调一致并充分发挥设计的附加值。第二，使设计协调于公司或者品牌的整体运作，包括设计部门内部以及与其他部门的管理与协调、设计与生产的衔接与配合、设计与销售的配合与指导以及设计活动的预算控制。

2. 玩具设计管理层次和特性

玩具设计管理可以划分为策略层面的设计管理和产品层面的设计管理，当然两者之间存在或多或少的重叠。玩具设计管理通常由公司、部门和专题设计小组等三个阶层协同完成，其中重要的策略层面管理由公司阶层负责，具体产品层面的工作由专题小组负责，部门主要承担从策略到产品的过渡和保证。随着越来越多的玩具企业采用多品牌或多产品线战略，公司层面也需要承担多品牌（产品线）的定位和策略管理，并在公司内设置各品牌或者产品线的设计部门。由于玩具设计的艺术特征，玩具设计管理具有其不同于普通管理的特殊性。每个阶层进行的玩具设计管理活动各有不同，每项活动所侧重的管理准则也各有特色。

二、中国玩具品牌中可以归为设计管理的突出问题

中国的部分玩具品牌已经具有玩具设计管理的意识，但是由于玩具设计管理理念的模糊和体系的欠缺，在怎样进行设计管理方面存在诸多问题，其中典型问题如下：

1. 设计风格界定空泛

中国的玩具品牌中，多有风格定位模糊不清的现象，由于没有清晰的设计核心特点，不但使得品牌没有统一尺度、产品设计风格的随意性较大，而且直接造成设计管理的可执行性降低，最后导致品牌的识别度降低，对品牌资产这一玩具品牌建设的终极目标产生较大的负面影响。这也是中国玩具品牌常有雷同而消费者无法辨别的直接原因。

2. 品牌与产品核心概念的错位

尽管不少玩具企业已经实行商品企划，但是通常就本季产品开发而论企划，忽略了品牌和产品之间必然的关联。产品设计如

果仅仅以流行和市场需求的变化为中心去追逐短期经济效应，必然引发品牌和产品的核心概念出现割裂的现象，进而造成消费者心目中品牌形象的模糊，有损品牌的长期利益。节令玩具的产品策划准备及检讨程序不足，加大了设计的风险。现有组织机构和工作流程不够合理，使得设计计划难以如期执行。而设计开发及上市节奏的时间计划不够科学，使得设计工作趋于混乱，玩具的上柜时机和配搭不完善。

3. 设计管理制度中的量化

由于设计工作的特殊性，相关的量化工作成为设计管理制度建设和执行的难点问题，使得设计成本的控制、人员的激励和制约难以管理。比如对于设计的工作量和采用率难以额定，可能导致设计成本偏高。在设计决策以及关于设计工作的激励和制约方面的制度通常不够健全。以致企业将设计管理变成设计师的工作时间管理，而设计人员则可能出工不出力。

4. 设计外包导致设计管理难度加大

随着设计工作室、商品企划中心等创意产业形式的出现，产品设计外包越来越常见，这也是现代社会分工细化以及企业资源优化的必然结果。而由此引发的设计管理问题也日渐明显，其中最为突出的是如何保证设计的有效性以及时间协调。

三、高新技术条件下设计管理模式

当代科学技术发展日新月异的今天，为适应市场需要，高新技术在各行业大量得到运用，设计管理也不例外。信息技术、网络技术、快速成型技术等高新技术在设计管理体系中的应用使设计管理这一企业运行模式得到了新的发展。

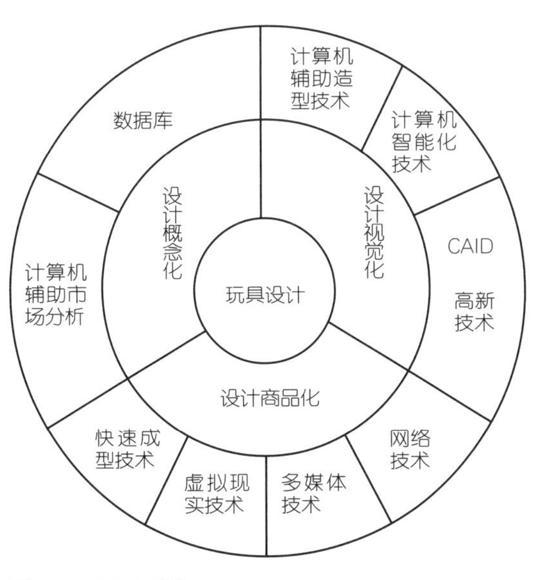

图4-1 CAID系统

设计管理在高新技术条件下具体表现为CAID系统。整个CAID是一个庞大的计算机系统（图4-1）。这一系统的形成主要得益于计算机及其相关技术的飞速发展。该系统主要实现的目标是合理利用各方面的设计资源，实现标新立异的设计创新；充分利用各种新技术、新材料、新能源等；改进传统的产品设计制造过程，充分利用高新技术达到玩具设计制造的网络化、高效化，实现工业设计与工程设计的一致性，最终实现以人为核心，人机一体化的智能化、集成化的设计管理体系。CAID系统的中心环节是产品设计。玩具设计的全过程又包括了设计概念化、设计视觉化和设计商品化，从而使一个产品从最初的概念产生最终实现产品转化为商品。

在这当中最主要的手段是设计制造的计算机化，通过合理利用计算机技术高效地实现产品设计这一目标。当产品项目提出后，设计人员通过大型工业设计数据库进行决策和定型，再利用计算机辅助市场分析得到产品的预期市场效应。这样，设计的概念化得以实现。接下来就是设计的视觉化，其实和我们所说的传统上的工业设计本质上是一样的，只不过随着计算机的大量介入，设计过程更加灵活便捷。这一过程中主要运用了计算机辅助造型技术、计算机智能化技术和其他CAID高新技术。产品设计的目标就是商品。在传统的产品体系中，设计商品化是属于制造部门的任务，但是对于CAID系统，为了检验产品是否达到预期效应以及便于及时对产品的改型设计，设计的商品化不可或缺地成为产品设计体系的重要组成部分。在这一过程中，许多高新技术纷纷应用，主要有快速成型技术、虚拟现实技术、多媒体技术、网络技术等。以上这些高新技术在产品设计过程的应用，使得产品从概念提出到最终商品定型较传统设计过程有了质的飞跃。不管从产品推出时间还是从产品性能上看，采用了CAID系统使玩具企业能够在最短的时间内设计制造出最优秀的玩具，进而为企业赢得市场，并在激烈的市场竞争面前立于不败之地。

目前就CAID系统而言，其开发及应用方面远未达到我们所预期的效果，其中原因就是CAID系统的研发还处于起步阶段，当中还存在许多有待研究的方面，主要包括现代设计方法的研究；创新设计技术的研究；设计管理过程中智能化技术的研究；设计管理过程中并行工程、协调工程、全生命周期设计技术的研究；设计管理过程中人机交互技术的研究等。

由此可见，在现代玩具企业的行为中，不管是以设计为背景，还是以管理为背景去理解，玩具设计管理的基本内涵已逐步走向一致。综上所述，设计管理研究的是如何在各个层次整合、协调设计所需的资源和活动，并对一系列设计策略与设计活动进行管理，寻求最合适的解决方法，以达成企业的目标和创造出优秀的玩具产品。

第五节 玩具设计教育

1．国内玩具设计教育存在的问题

伴随着人们生活水平的不断提高和科学技术不断发展，玩具设计已经在我国的土壤中生根、发芽，我们国家的玩具产业已经从单纯的加工制造开始向玩具设计产业迈进了一步，这是社会的进步、市场的需求，也是工业时代发展的必然，近年来，玩具设计专业在我国高校发展比较迅速。在此期间也出现了不少的问题，究其原因，一是长期以来全国大部分的企业以玩具制造为主，对玩具设计的认识跟不上时代的发展，不了解玩具设计的真正含义是什么；二是个别媒体人士的导向错误和许多学校的盲从；三是我国真正从事研究玩具设计专业的人员太少，许许多多改行从教的教师和管理人员站在原专业（如工艺美术专业、机械工程专业等）的思维出发点上来看待玩具设计和玩具设计的发展，必然是欲速而不达，而且走偏方向。他们在管理和教学的过程中没有从根本上理解玩具设计知识需求的多元性和融通与渗透性，或多或少地从原专业本位主义的立场上去教学，灌输自己所理解的玩具设计内涵，过多地讲解自己熟悉的知识，尽量少地讲解或者避开玩具设计中自己陌生和不熟悉的内容，使得专业方向在很大程度上偏离了轨道，走向了迷茫和不为社会所接受的尴尬境地。

从另一个角度来看，一些归国的设计专家和出国留学的设计人士回国后带来了世界许多发达国家的设计思想和理念，这是无可厚非和无可置疑的。但绝不可采用“拿来主义”，因为各个发达国家的先进理念与设计思想，都是结合了本国历史、文化、科学技术发展进程和地域人文特征，以及传统文化和教育基础而创立的，它不是放之四海而皆准的真理，这在历史的进程中已经得到过证明。因此，发展本国的玩具设计教育，必须是立足于国内的现状和现行体制上的改造，最大限度地与世界发达国家接轨，吸收和借鉴发达国家的先进经验和科学的理念与元素，融合本国的文化理念（包括道德、心理、认知、审美、素质等）以及科学技术现状（包括材料、加工、工艺、能力、方法等），选准自己的立足点，对玩具设计教学有一个基本的定位，才能科学地、适时地、稳步地发展。

2. 如何更好地学习玩具设计

要学好玩具设计专业，首先要对玩具设计有浓厚的兴趣，玩具设计并不是一个单一的艺术设计过程，而是一门综合的、与很多行业有关联性的。其本身涉及了众多学科知识，设计内容包括多方面，如外形设计、内部结构设计、功能设计、材料与工艺等，因此要求学生知识面要广，还要有较强的动手能力。要想成为一名有创造力的原创玩具设计师，更要从多方面汲取营养，要有丰富的想象力，擅于把握每个设计素材作为自己的创作灵感，从服装、工艺品、包装、装潢等众多艺术领域的优秀作品中寻找适于运用在玩具设计中的元素，对时尚潮流及市场需求拥有敏锐的触觉。当然这一切离不开扎实深厚的产品艺术功底（手绘能力、造型能力、色彩应用、计算机软件应用等），因为玩具设计师并不等同于艺术大师，设计出来的产品只有成为商品，才是一名合格的玩具设计师。此外，艺术素质的提高也是非常关键的。对于每一名立志从事玩具设计的同学，都应该首先热爱玩具设计工作，了解玩具行业发展现状，练好基本功，包括绘画功底和基本的动手能力。同时多看、多了解、多动手、多提高自己的艺术修养，这些都可以为自己日后胜任设计师工作积累良好的条件。比如就毛绒玩具设计而言，也可细分为主攻婴幼儿产品设计、家居用品类功能性产品设计、动漫衍生产品设计以及机械电子类毛绒玩具设计等很多方向，设计师也就可以在打好玩具制作的基本功之后，扬长避短地去发展自己致力于创意、去发挥想象力的方向创作。

3. 国内高校设立玩具设计专业方向简介

随着科学技术的不断进步，玩具中蕴含的科技含量越来越高，只有具备高水平的专业设计队伍才能满足玩具向高科技趋势发展的需求。针对我国目前设计人员缺乏，开发能力弱的实际情况，国家劳动和社会保障部和中国玩具协会也积极倡导高校建立玩具设计专业，并且在社会上大力普及玩具设计师的培训工作，已经取得了显著的成效。

由于我国本科专业目录中还没有“玩具设计”这个专业，目前在高校有本科生的都是在其他专业下设玩具设计专业方向，开设此专业几个较早的本科院校有：天津科技大学工业设计专业（玩具设计方向），2001年招生；湖北工程学院美术与设计学院设在工业设计（玩具设计方向），2004年招生；广东商学院设在艺术设计专业（玩具与游戏设计方向），2002年招生；南京师范大学设在艺术设计专业（玩具设计方向），2004年招生等。

玩具设计分为产品造型设计和工程设计两大类，有的学校合并为一个专业，有的分设专业。

玩具设计专业主要学习工业设计的基础理论与知识，把工业设计的理论知识应用于玩具设计，应用产品造型设计和机械设计原理处理玩具产品的造型与色彩、结构与功能、材料与工艺的关系，并将这些关系统一表现在玩具产品的造型设计及功能设计上。该专业着重培养具有工业设计的基础理论、知识与应用能力，具备较高的认识、分析、解决问题的能力，并能把工业设计理论应用于玩具设计中，能从事玩具产品的造型设计以及静、动态玩具产品的开发、设计及研制的应用型高级专门人才。

玩具设计专业开设的主要课程有两类：专业基础课和专业课。

（1）专业基础课　造型基础、色彩基础、二维设计基础、三维设计基础、设计思维训练、结构素描、专业表现技法、机械制图、人机工程学、机电设计基础、计算机辅助设计、模型制作等。

（2）专业课　主要有玩具发展史、玩具设计程序、毛绒玩具设计、塑料玩具设计、电子玩具设计、木制玩具设计、童车设计、玩具安全标准与检测等。

第六节 玩具设计师的培养

一、玩具设计人才需求

世界上75%以上的玩具都是“中国制造”。然而，中国目前出口玩具仅有1／3拥有自己的品牌和商标，且大部分是沿袭多年的毛绒玩具，智力玩具和电动玩具仅占总出口量的3%和0.6%。这些不足不仅表现在一些数字上，在创新和时代感上也有“缺陷”。我们都知道当世界上最成功的女孩玩具——芭比娃娃随时代更替先后变化着形式穿上了行政套装、成为宇航员、登上总统宝座的时候，中国的大熊猫玩具却始终憨态可掬、一成不变。

“从玩具大国到玩具强国，需要更多的高层次玩具设计师”。中国玩具协会秘书长梁梅女士说，这也正是玩具专业毕业生“抢手”的主要原因。有人算过一笔账，单就广东而言，目前一家玩具厂平均需要5～6个月的时间才能聘请到一位合格的设计师。以现在的情况看，每家生产厂的设计师空缺平均为2～3名，如果以广东有4500家生产厂来计算，则缺口高达近万个职位。“中国玩具厂商最稀缺的就是受过高校系统、规范教育的玩具设计师”。有的玩具商家一语中的。

玩具生产行业对玩具设计专业人才有热切的需求，那么，作为人才摇篮的高等院校情况又如何呢？目前，全国高校玩具专业开设较少，离满足企业对玩具设计人才的需求还有距离，要实现将更多绝妙的“中国设计”推向世界也还是“其路漫漫”，但我们相信这只是时间问题而已。

二、玩具设计师的培养

玩具设计师不仅对玩具产品进行“化妆”，而是应抓住“需求”这个丰富、生动的源泉，运用人类心理学、社会心理学等领域做周密细致的研究，使开发出的玩具产品与使用者的内心情感达到一致和共鸣，并从引导消费到创造市场。因此，设计师应不断地去发现、观察、倾听和研究，只有用心倾听消费者的心声才能做出最好的设计。

2006年上半年，玩具设计师正式纳入国家职业分类，具体分为玩具设计员、助理玩具设计师、玩具设计师、高级玩具设计师四个档次。职位定义：玩具设计师是指从事玩具产品和玩具类儿童用具创意、设计、制作等工作的人员。

1. 玩具设计师的工作内容

① 分析产品的外观和性能，进行打板、打样及工艺排料，手工制作产品样品或模型。

② 产品进行系列化开发和自主研发，绘制创意草图，设计功能模块，绘制设计图，编制生产工艺流程。

③ 研究市场和产品流行趋势，制定产品整体设计方案，进行设计管理。

职位背景：玩具设计师是玩具制造行业的灵魂，近日我们从中国玩具协会了解到，国内的玩具设计师有着很大的缺口。中国玩具协会会长石晓光说："现在玩具设计师大概一共有2万多人，玩具行业有200多万从业人员，按照先进国家的比例，应该达到20%，按我们现在的规模应该有40万人，玩具设计师缺口特别的大。"

2. 玩具设计师应具备的素质

（1）玩具设计师应该具备个性化的创新理念　创新是玩具设计的灵魂，也是玩具设计个性化的突出体现。一名优秀的玩具设计师必须要有创新精神，在掌握了玩具设计的基本知识后，新的设计理念、丰富的想象力和创造力对设计师尤为重要。而创新又是建立在强烈敏锐的感受能力，探索和追根求源的欲望和能力，发明创造的能力这三个基础之上的。

① 强烈敏锐的感受能力：一个设计师必须培养自己以强烈敏锐的感觉去观察周围的环境、思考生活中变化着的一切，这样他就会不断发现从设计的角度来看，在我们周围还有哪些方面尚未达到人们所期望的那种改善，这一点就显示出设计师的独特感受能力。这种能力的形成，虽有先天的因素，但主要还是靠后天的培养。

② 探索和追根求源的欲望和能力：作为一个设计师，周围的一切都能引发其注意力和好奇心，他总是多看、多问、多思考，喜欢追根究底、探求事物的内在奥秘。他往往能通过一件很不起眼的小事，溯本求源。运用某一事物的基本原理而演绎

成为意义深远、具有创造性的定理或引发出新的概念，并能在实践中应用。

③ 发明创造的能力：一位设计师在学习过程中，可以从书本得一些理论知识，或模仿他人的设计来培养、丰富自己的技能。所以说，知识和技能是可以传授和学习到的，但仅仅依靠这些，是不能使一个设计师获得成功的。他必须具有构想的灵感和发明创造的能力，而这一点则必须在不断地学习积累中积极探索和追新逐奇，并经过不断地实践锻炼和经验积累，才可喷发出超群的奇思妙想，并凭借扎实丰富的知识和技术，使其真正具有发明创造的能力，使其设计永远保有焕然一新的感觉。

玩具的创新表现在玩具设计的诸多方面，比如设计理念的更新，新技术的运用，玩具功能的扩展和延伸等。即使是体现中国文化传统和民族特色的玩具设计，也要实现与现代文化的结合，不断地进行设计创新，才能有持久的生命力。然而玩具设计的创新并不是单纯的求新、求异，应该在符合社会文化需求的基础上，从玩具的材料、加工工艺、设计手段等方面进行改革和创新。颇具我国民族特点的泥人、风车、彩灯等很多传统玩具如今早已没有了市场，其原因就是形式与功能一成不变，使它缺乏吸引力和竞争力。而象征美国玩具文化的芭比娃娃已经有50多年的历史，至今仍然长盛不衰。其主要原因就是体现在不断的变革上，如不同的造型，不同的服装，不同的职业等，始终给人以新鲜感，诱导消费者去购买。玩具设计的理念之一，就是强调玩具设计的创新理念。

（2）玩具设计师应该具备综合化的学科知识　玩具设计体现的科学性并不仅仅指在玩具本身的高科技含量，还包括玩具设计理念上的人文科学，因此玩具设计师所应具备的学科知识往往是综合化的。主要体现在以下两个方面：

① 玩具设计师必须具备科学人文关怀精神：玩具设计不再仅仅是简单地应用一些技术手段，单纯的进行机构设计、电子电路设计和外形设计，而在设计上对人的关爱要考虑得更加细致和全面。例如将儿童心理学、设计美学、人体工程学的相关知识应用于玩具设计中，就体现了玩具设计理念上的科学人文关怀精神。国外某些著名玩具公司的设计人员，在玩具设计中把人体工程学应用其中，根据解剖学、人体测量学、生理学、生物工程学等相关知识，建立和利用人体模型、各年龄段儿童的力量图表及尺寸

数据等，以设计出适合不同年龄段人群需要的玩具。设计人员还通过对儿童玩玩具状况的研究，来不断地对玩具加以改进，这些也都充分体现出玩具设计理念上的科学人文关怀精神。

② 玩具设计师必须注重玩具本身的科技含量：现在综合国力的竞争归根到底就是科学技术的竞争，玩具也是一样，好的玩具都是由新的科学技术做后盾的。

三、玩具设计师职业道德

1. 职业守则

玩具设计师的职业守则是遵纪守法，爱岗敬业；诚信为本，法规为准；绿色理念，精心设计；科技领先，锐意进取。

2. 职业道德基本知识

（1）玩具设计师应遵纪守法，认真遵守企业的各项纪律，热爱本岗位工作，认真钻研专业技术，努力提高自己的业务水平，掌握相应的理论知识和操作技能；要不断吸收国内外的先进设计思想和先进的制作工艺，注重知识的更新；要进行玩具核心技术的研究，提高自己的职业能力，提高解决生产中实际问题的能力。

（2）玩具设计师要将“玩具安全”融入产品的设计理念中。要认真学习和掌握涉及玩具的国家标准、行业标准和企业标准；由于玩具产品巨大的出口量，玩具设计师要熟悉出口目的国关于玩具产品的各项标准和法规。

（3）玩具的主要消费者是儿童，趣味性、教育性、安全性是玩具设计的基本思想。玩具设计师在产品设计中应避免单纯追求玩具的新颖、荒诞、怪异、漂亮、刺激，而忽视产品质量和儿童心理健康的安全防范。一件安全的玩具能够折射出设计者、制造商对儿童的关爱和周到的保护，对家长的负责，是“以人为本”宗旨在玩具设计、生产过程中深刻的体现。要将传统的“以产品为中心”转变为“以消费者为中心”，产品才能在市场经济中立于不败之地，为企业带来经济效益。

（4）玩具设计师在产品设计中，要掌握有关知识产权(如著作权法和专利法)的法律知识，无论是来样设计、来图设计、来创意设计和自我创新设计，还是在与客户签订的技术合同中，都要有知识产权保护的意识，避免给企业造成损失。要恪守企业的技术、工艺秘密，认识到企业的技术机密是企业的无形资产，是受法律保护的，泄露企业的技术机密是违法的行为。

（5）绿色产品是指生产过程及其本身节能、节水、低污染、低毒、可再生、可回收的一类产品，它也是绿色科技应用的最终体现。绿色产品能直接促使人们消费观念和生产方式的转变，其主要特点是以市场调节方式来实现环境保护为目标。公众以购买绿色产品为时尚，促进企业以生产绿色产品作为经济增长点。要进行拥有自主知识产权的高科技智能玩具、多功能儿童玩具及儿童用品、绿色儿童玩具及儿童用品的设计，在为企业创造好的经济效益的同时，产生好的社会效益。

（6）玩具设计师在产品设计中，要贯彻“质量第一”的方针，尤其是要关注涉及产品安全的质量问题，要严把原材料、配套件、外协件的质量关，避免由于产品质量给企业造成直接损失和间接损失。

（7）从事设计开发的从业人员要提高产品的设计质量，要按照产品开发顺序，进行新产品的研究、试验、设计、评审、验证、改进和设计定型工作。设计中要能够执行标准化、系列化、通用化的设计原则，为产品的生产提供正确、清晰、完善、统一的产品图样和设计技术文件；要执行严格的设计审核，尤其是新产品的技术论证和工艺评审，避免给企业造成设计质量损失。

（8）玩具设计涉及机械、电子、材料、色彩、表面处理、艺术造型和工业设计等相关知识，一件成功的玩具设计是各设计工序集体智慧的结晶。玩具设计师要有团队精神，谦虚谨慎，精诚合作，保质保量完成企业的设计工作。

（9）玩具设计师要按照工作标准完成本岗位的工作，不断总结经验，改进工作方法，提高工作效率。

（10）从事设计管理的从业人员，要把握企业技术发展方向，认真、负责地组织制定企业科技发展及技术进步的规划，并组织实施；有责任贯彻国家标准、行业标准，积极采用国际标准，制定并实施地方标准、企业标准、内控标准；在主管企业科技成果和专利技术的推广时，负责科技保密、科技信息和科技档案的管理；负责企业对外技术交流、技术合作和技术转让工作；制定企业中长期发展规划和年度方针目标，进行市场调研，掌握国内外同类产品的技术发展趋势，进行产品开发、设计准备的相关工作。

第五章 玩具设计方法与程序

第一节 玩具设计方法论

玩具设计属于工业设计范畴，不同于偶然的灵感创作，不可能一蹴而就；玩具设计是一种使玩具产品获得真正品质的创造行为，是企业与消费者联系的纽带。

一、玩具设计方法论研究的重点

玩具设计的核心是对消费者需求的发现、分析、归纳、限定以及选择一定的载体和手段予以开发和推广，并通过市场渠道将产品转化为商品进入人们的生活中。

如何才能牢牢地抓住玩具设计的核心呢?

这就需要玩具设计者把研究的重点转移到使用玩具产品的人，把研究“人”作为设计的出发点，并通过研究人对玩具的需求，以及不同的玩具具有不同的功能，进而去选择、组织已有的原理、材料、技术、工艺、设备、造型、色彩、营销方式等去开发玩具产品、开拓市场。

二、常用的玩具设计方法

玩具产品种类虽然变化万千，但可以归类认识，设计方法虽然变化无穷但都是以解决具体问题为共性目标的。比较常用的玩具设计方法有：

1. 希望点列举法

希望点列举法是由Nebrasa大学的克劳福特（Robert Crawford）发明。这是一种不断地提出“希望”“怎样才会更好”……的理想和愿望，进而探求解决问题和改善对策的技法。此法是通过提出对该问题和事物的希望或理想，使问题和事物的本来目的聚合成焦点来加以考虑的技法。

希望点希望人人皆有，“希望点”就是指创造性强且又科学、可行的希望。列举法，是指通过列举希望新的事物具有的属性以寻找新的发明目标的一种创造方法。其原理是，人的需求是无法满足的，当一种需求得到满足之后，将会出现更高的需求。需求的背后往往隐藏着事物的新问题与新矛盾。而这个矛盾正是希望列举法存在的动力。它往往从实际的意愿出发提出各种假设，是一种主动式的思维方式，它可能会完全改变产品的现状而产生创造性的突破，也就是破坏性的创新。搜集希望点的方法很多，经常应用的有以下三种。

（1）书面搜集法　这种方法是事先拟定目标，设计一张卡片，发给用户和本单位的职工，请他们提供各种不同希望的事例，然后搜集整理。

（2）会议法　召开希望点列举会议，每次可有5～10人参加。

会前由会议主持人选择一件需要革新的事情或者事物作为主题，随后发动与会者围绕这一主题列举出各种改革的希望点；为了激发与会者产生更多的改革希望，可将各人提出的希望用小片写出，公布在小黑板上，并在与会者之间传阅，这样可以在与会者中产生连锁反应。会议一般举行1～2小时，产生50～100个希望点，即可结束。会后在将提出的各种希望进行整理，从中选出目前可能实现的若干项进行研究，制定出具体的革新方案。

图5-1 能在墙上行驶的汽车玩具

（3）访问法　派人走访用户，询问用户对本公司生产的产品有何新功能要求。

通过以上方法，收集到各种希望点的资料，制定实施方案，然后加以研究，或结合畅谈会议法讨论，或将之公布于众，发动员工提改革建议，使之实现。这一方法的特点，是使人由幻想导出愿望，由愿望引出构思，由构思勾画出方案。最后使可行希望点成为具体的事实。过去不少发明创造的东西就是经历这样的过程而获得成功的。

例如，图5-1中可以在墙上跑的汽车模型就是通过希望点列举法设计而成的，希望汽车模型除了在地上跑以外还要能够在墙上跑，并且不会掉下来，这家公司最终研究出了这款汽车，在原有的汽车模型的底部加了一个吸盘，通过对空气的压缩使其紧紧地吸住墙面。

2. 缺点列举法

这种方法的特点是从列举事物的缺点入手，找出现有事物的缺点和不足之处，然后再探讨解决问题的方法和措施。其原理是：事物总是有其客观存在的缺点。这与人们追求完美的天性是相冲突的，而这个矛盾正是缺点列举法创新的动力。它一般是从比较实际的功能、审美、经济等角度出发来研究对象的缺点，进而提出切实有效的改进方案，简便易行且见效快，因而也是最容易出成果的。这种分析方法一般分为如下两个阶段。

（1）列举缺点阶段　即召开专家会议，启发大家找出分析对象的缺点。如探讨玩具技术政策的改进问题，会议主持者应就以下几个问题启发大家：现行的国家政策在玩具方面有哪些不完善之处？设计创新科技人员积极性不高与现行的技术政策有关吗？寻找事物的缺点是很重要的一步，缺点找到了，就等于在该问题的道路上走了一半，这就是缺点列举法的第一阶段。

（2）探讨改进政策方案阶段　在这一阶段，会议主持者应启发大家思考存在上述缺点的原因，然后根据原因找到解决的办法。会议结束后，应按照“缺点”“原因”“解决办法”“新方案”等项列成简明的表格，以供下次会议或撰写政策分析报告用，也可从中选择最佳解决方案。

3. 组合法

组合法则又称系统法则、排列法则，是将两种或两种以上的学说、技术、产品的一部分或全部进行适当结合，形成新原理、新技术、新产品的创造法则。这可以为自然组合，也可是人工组合。当前社会正趋于一种技术的成熟期，突破性的成果趋于次要地位，而运用组合原理已经成为产品创新设计的主要方式之一。相对于全新产品的设计来说，用组合法来进行设计可以缩短开发时间、节约开发成本、降低开发风险等，使企业在短时间内获取利润。

组合法所采用的方式主要有以下三种：功能组合、形态组合、材料组合。

（1）功能组合

① 附加功能使基本功能更趋于完美。照相机加闪光灯。

② 将多样相似的功能组合在一起，使一物多用，如瑞士军刀（图5-2）。

③ 将不同的功能组合在一起。有时两件事物不是“亲戚”，甚至一点联系也没有，但把它们巧妙地组合在一起后，就增加了新的功能，出现了新的事物，是远缘组合。

一般通过强制性联想来进行，从形态、声音、色彩、气味、原理、方法等各个方面进行联想，找到它们的共同点。

如某公司开发的花系列闹钟，找到了花和闹钟在颜色、色彩、形态方面的共同点，进行有机组合（图5-3）。又如时尚的水果时钟，在水果的横剖面和时钟的表盘上面找到了共同点，进行了有机的结合（图5-4）。

图5-2 瑞士军刀

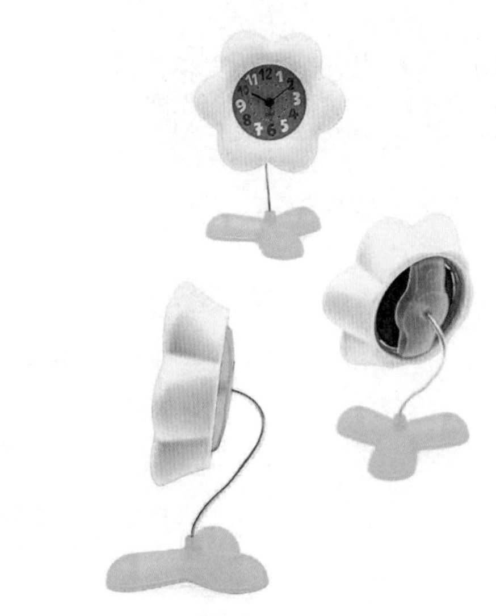

图5-3 花系列闹钟

图5-4 水果时钟

图5-5 双轮在前的自行车

图5-6 双人骑自行车

图5-7 玩具飞机

（2）形态组合 其组合对象是将两个以上的不相同事物的形态有机地结合在一起而成为一件新的组合形态的产品，使之具有和谐美。例如，一种双轮在前结构新颖的自行车，容易驾驶、行走平稳、安全性高，适宜儿童学车等。用车筐将双轮与车把连接部位遮挡，美观而不牵强（图5-5）。还有一种自行车是双人骑的，一个往前蹬，一个人往后倒，非常具有娱乐性，这种自行车是独轮车和自行车的结合（图5-6）。

（3）材料组合 各种材料在性能上互相取长补短，产生协同效应，使复合材料的综合性能优于原组成材料而满足各种不同的要求。如玩具飞机的材料基本上是塑料，比较轻，使其飞机比较容易飞行，如果全用塑料材料就会显得比较低廉，如果在玩具飞机上加入金属，就会使其增加飞行的难度，针对这种情况，我们就会以塑料材料为基础，在其表面电镀金属，使飞机显得档次比较高，又不增加飞行的难度（图5-7）。

4. 扩大与缩小法

所谓扩大法，就是将原物的功能加以扩大。在这件东西上另加些什么，从而改变其性能和用途可以吗？例如将红、蓝、绿、黑四色圆珠笔芯放在一支笔杆中，设计了四色圆珠笔，扩大了使用功能。将眼镜的功能加以扩大，成为放大镜、显微镜和望远镜。将音量扩大，就成为话筒、扩音机。以上这些产品的出现，实质上都是缩小法和扩大法的灵活应用。

所谓缩小法，就是将原物的体积、重量缩小减轻，使之微型化。例如把生活中的家具厨房造型缩小作为儿童过家家的玩具（图5-8）。

5. 仿生学法

仿生学是指模仿生物建造技术装置的科学，它是20世纪中期才出现的一门新的边缘科学。仿生学研究生物体的结构、功能和工作原理，并将这些原理移植于工程技术之中，发明性能优越的仪器、装置和机器，创造新技术。从仿生学的诞生、发展，到现在短短几十年的时间内，它的研究成果已经非常可观。仿生学的问世开辟了独特的技术发展道路，也就是向生物界索取蓝图的道路，它开阔了人们的眼界，显示了极强的生命力。

由此可见，仿生学不是纯生物科学，它是把研究生物作为向生物体索取技术设计蓝图的第一步。仿生学不是纯技术科学，它是开辟一条发展科学技术、工业设计的新途径、新源泉。当然，模拟、仿生不是原封不动地抄袭原型，而是以原型为楷模，通过创造性思维再造的、创新的二次甚至多次元的形态，反复思维以

图5-8　厨房玩具

达到“异化”的程度，在工业产品外观设计时，仿生造型常采用直感象征手法和含蓄、隐喻的手法。前一种手法是一种较直观的创造方法；后一种则形态概念隐而不显，使人产生更多的联想而耐人寻味。由于儿童比较喜欢自然形态，尤其是动物卡通造型，所以在玩具造型设计中，大多数玩具外观造型都是模仿自然界中各种生物的造型，深受儿童的喜爱（图5-9）。

图5-9　以猪为造型的玩具

在工业产品设计中提到仿生学法，有一位设计师不得不提，他就是德国的设计大师路易吉·科拉尼。他的仿生设计开启了设计的一扇大门，他对自然的观察感染了他的设计，他觉得昆虫世界向我们展示了外形与功能结合的典范，对此我们不仅要有正确的认识，同时也应当将它们作为我们学习的榜样（图5-10）。

图5-10　科拉尼的作品

6. 移植法

移植法是将某个学科、领域中的原理、技术、方法等，应用或渗透到其他学科领域中，为解决某一问题提供启迪、帮助的创新思维方法。“它山之石，可以攻玉”，应用移植法则，打破了“隔行如隔山”的禁忌，可促进事物间的渗透、交叉、综合。移植的方法也可有所不同，可以是沿着不同物质层次的“纵向移植”；在同一物质层次内不同形态间的“横向移植”；多种物质层次的概念、原理、方法综合引入同一创新领域中的“综合移植”等。例如，电子语音合成技术可以运用到儿童读物上面，后来就把它用到了倒车提示器上，又有人把它用到了玩具上，出现会哭、会笑、会说话、会唱歌、会奏乐的玩具，如能进行双语发音的儿童早教机（图5-11）。

图5-11　儿童早教机

7. 逆向思维法

逆向思维法是指为实现某一创新或解决某一常规思路难以解决的问题，而采取反向思维寻求解决问题的方法。人类的思维具有方向性，存在着正向与反向之差异，由此产生了正向思维与反向思维两种形式。正反向思维起源于事物的方向性，客观世界存在着互为逆向的事物，由于事物的正反向，才产生思维的正反向，两者是密切相关的。人们解决问题时，习惯于按照熟悉的常规的思维路径去思考，即采用正向思维，有时能找到解决问题的方法。然而，实践中也有很多事例，对某些问题利用正向思维却不易找到正确答案，一旦运用反向思维，常常会取得意想不到的功效。这说明反向思维是摆脱常规思维羁绊的一种具有创造性的思维方式。

就创造的本质而言，习惯性思维是人们创造活动的障碍，它往往束缚着个人的思路。应用逆反法则，突破这种习惯的约束，对已有的理论、科学技术、产品设计等用挑剔的眼光多问几个为什么，“反其道而行之”，往往就会得到极妙的设计、创造发明。甚至把问题颠倒，反向探求，倒转思考，可能又会出现一个新的天地，而有所发现或创造。逆向思维法三大类型简介如下：

（1）反转型逆向思维法　这种方法是指从已知事物的相反方向进行思考，产生发明构思的途径。“事物的相反方向”常常从事物的功能、结构、因果关系等三个方面做反向思维。比如，市场上出售的无烟煎鱼锅就是把原有煎鱼锅的热源由锅的下面安装到锅的上面。这是利用逆向思维，对结构进行反转型思考的产物。

（2）转换型逆向思维法　指在研究问题时，由于解决这一问题的手段受阻，而转换成另一种手段，或转换思考角度思考，以使问题顺利解决的思维方法。

如历史上被传为佳话的“司马光砸缸”救落水儿童的故事，实质上就是一个用转换型逆向思维法的例子。由于司马光不能通过爬进缸中救人的手段解决问题，因而他就转换为另一手段，破缸救人，进而顺利地解决了问题。

（3）缺点逆用思维法　这是一种利用事物的缺点，将缺点变为可利用的东西，化被动为主动、化不利为有利的思维发明方法。这种方法并不以克服事物的缺点为目的，相反它是将缺点化弊为利，找到解决方法。例如金属腐蚀是一种坏事，但人们利用金属腐蚀原理进行金属粉末的生产，或进行电镀等其他用途，无疑是缺点逆用思维法的一种应用。

8. 类比法

类比法（Method of analogy）也叫“比较类推法”，是指由一类事物所具有的某种属性，可以推测与其类似的事物也应具有这种属性的推理方法。类比对象间共有的属性越多，则类比结论的可靠性越大。与其他思维方法相比，类比法属平行式思维的方法。与其他推理相比，类比推理属平行式的推理。借此开拓眼界，打开思路，由此及彼，进行联想，从联想中导出创新方案。它既不同于从特殊到一般的归纳法，又不同于从一般到特殊的演绎法。而是把两种事物进行对比，把形象的思维和抽象的思维融为一体的分析方法。下面介绍几种常用的类比法：

（1）个别性类比　个别性类比是类比法的最原始、最简单类型，也是最常用、最常见的类型。它是以个别对象为前提推出另一个别对象为结论的推理。个别性类比推理是在个别对象之间进行的。例如从某一件事情是坏事可以推出同一类型的另一件事情也是坏事。个别性类比推理的逻辑模式如下：某个A具有a、b、c，另有d；某个B也具有a、b、c；所以，B也具有d。

（2）“以己推人”式类比　“以己推人”式类比是拿自己与别人来进行类比，是一种“老吾老以及人之老，幼吾幼以及人之幼”式的推理。

（3）“以人推物”式类比　“以人推物”式类比是拿人与别的事物进行类比。

（4）经验类比　经验类比是源于经验的类比，是建立在简单的经验知识基础上的类比。自古以来，人类凭借智慧和细心的观察，积累了许多经验。有了经验，便可以类比。

（5）象征类比　这是通过一种在技术上尚不完备的东西，而为了达到审美上的满足，从中得到启发，联想出一种景象，随即提出实现的办法。

9. 设问法

设问法是通过围绕玩具产品提出问题，从而改进设计的一种方法。常用的有奥斯本设问法，奥斯本设问法要点如下。

① 现有产品还有其他用途吗?

② 改变一下会怎样? 如扩大、缩小、增加、删除、整体、局部翻转倒置等。

③ 能否利用其他方面的设想？可否借鉴和模仿？能不能借用别的方案？有什么东西和这个相似？过去有过相似的东西吗？能模仿什么东西吗？模仿谁的？

④ 用其他东西替换会怎样？如别的东西、别的元件、别的材料、别的工艺、别的制作结构、别的动力、别的方法、别的声音等。

⑤ 反过来会怎样？如上下、前后、内外运动方向等。

⑥ 重新组合成立吗？如能不能组合？合金材料的组合、装配组合、部件组合、目的组合、方案组合等。

10. 头脑风暴法

头脑风暴法又称智力激励法、BS法、自由思考法，是由美国创造学家A・F・奥斯本于1939年首次提出，1953年正式发表的一种激发性思维的方法。此法经各国创造学研究者的实践和发展，至今已经形成了一个发明技法群，深受众多企业和组织的青睐。

（1）组织形式　参加人数一般为5～10人（课堂教学也可以班为单位），最好由不同专业或不同岗位者组成；会议时间控制在1小时左右；设主持人1名，主持人只主持会议，对设想不作评论。设记录员1～2人，要求认真将与会者每一设想不论好坏都完整地记录下来。

（2）会议类型　主要有以下两种：

设想开发型：这是为获取大量的设想、为课题寻找多种解题思路而召开的会议，因此要求参与者要善于想象，语言表达能力要强。

设想论证型：这是为将众多的设想归纳转换成实用型方案召开的会议。要求与会者善于归纳、善于分析判断。

（3）会前准备工作　会议要明确主题。会议主题提前通报给与会人员，让与会者有一定准备；选好主持人。主持人要熟悉并掌握该技法的要点和操作要素，摸清主题现状和发展趋势；参与者要有一定的训练基础，懂得该会议提倡的原则和方法；会前可进行柔化训练，即对缺乏创新锻炼者进行打破常规思考，转变思维角度的训练活动，以减少思维惯性，从单调的紧张工作环境中解放出来，以饱满的创造热情投入激励设想活动。

（4）会议原则　为使与会者畅所欲言，互相启发和激励，达到较高效率，必须严格遵守下列原则：

① 禁止批评和评论，也不要自谦。对别人提出的任何想法都不能批判、不得阻拦。只有这样，与会者才可能在充分放松的心

境下，在别人设想的激励下，集中全部精力开拓自己的思路。

② 目标要集中，追求设想数量，越多越好。在智力激励法实施会上，只强制大家提设想，越多越好。会议以谋取设想的数量为目标。

③ 鼓励巧妙地利用和改善他人的设想，这是激励的关键所在。每个与会者都要从他人的设想中激励自己，从中得到启示，或补充他人的设想，或将他人的若干设想综合起来提出新的设想等。

④ 与会人员一律平等，各种设想全部记录下来。与会人员，不论是该方面的专家、员工，还是其他领域的学者，以及该领域的外行，一律平等；各种设想，不论大小，甚至是最荒诞的设想，记录人员也要求认真地将其完整地记录下来。

⑤ 主张独立思考，不允许私下交谈，以免干扰别人思维。

⑥ 提倡自由发言，畅所欲言，任意思考。会议提倡自由奔放、随便思考、任意想象、尽量发挥，主意越新、越怪越好，因为它能启发人推导出好的观念。

⑦ 不强调个人的成绩，应以小组的整体利益为重，注意和理解别人的贡献，人人创造民主环境，不以多数人的意见阻碍个人新的观点的产生，激发个人追求更多更好的主意。

（5）会议实施步骤

① 会前准备：参与人、主持人和课题任务三落实，必要时可进行柔性训练。

② 设想开发：由主持人公布会议主题并介绍与主题相关的参考情况；突破思维惯性，大胆进行联想；主持人控制好时间，力争在有限的时间内获得尽可能多的创意性设想。

第二节 玩具设计程序与管理

一、玩具设计程序

玩具设计是一项系统的工程，这个工程需要有序地进行。玩具设计不同于美术创作，不可能一蹴而就，更不能仅凭经验，想当然地闭门造车。玩具的开发设计要与市场需求相吻合，在设计的过程中要把握好消费者的心理特征、行为特征以及市场的需求等问题。因此，对设计的一般程序的掌握及运用，无疑是玩具设计活动中最重要的一环。

玩具设计过程是解决问题的过程，是创造新产品的过程。因此玩具设计的程序，即过程的构造规划正确与否，关系到一个成功玩具产品能否诞生，甚至一个企业的命运。玩具设计活动包括从市场调研、需求分析、产品定位、生产制造直到玩具产品投放市场，并根据市场反馈进行产品改进及维护产品的生命周期等的全过程。

二、玩具设计程序的九个阶段

1. 制定设计计划阶段

玩具行业既是一个短寿命的行业又是一个常青的行业，为什么这样讲？因为就某一个玩具产品来说，它的寿命可能很短，今年比较流行，可能明年市场就不会看到它的身影了，然而玩具行业又是一个常青的行业，每年市场上都会推出几百款甚至上千款玩具新产品，年复一年，永远保持玩具行业的青春活力！由于玩具行业特殊性以及快节奏，就需要不断地开发新玩具以迎合市场。因此，玩具设计也就成为有组织、有计划的规律性活动。在设计工作开始之前，要全面分析市场销售、成本核算、审美和技术等方面的基本要求，要有丰富经验的玩具经销商、生产商、玩具产品推广部门以及销售部门的工作人员来配合设计师制定设计、制造、销售、广告与促销等的计划。在制定计划前设计师要分析已有的产品，哪些需要保留、哪些需要改进，以及开发新产品的计划。这样老产品、改进产品、新产品组成一个有序、有效的开发计划。计划要随着消费市场的导向而行动，而不能单纯地依靠设计师的不可控制灵感。

制定设计计划应注意以下几个要点：

① 了解设计内容，认识设计过程中的难点、要点，明确设计目标。

② 明晰该设计自始至终所需的每个环节以及每个环节所要达到的目的和解决的方法。

③ 了解每个环节之间的相互关系以及所需的实际工作时间。

在完成设计计划后，应将设计全过程的内容、时间、操作程序绘制成设计计划表，为所有参与产品开发人员提供指引。

2. 市场调研，收集资料阶段

市场调研是运用科学的方法，有目的有计划地收集、整理和分析有关供求和资源的各种情报、信息和资料。把握供求现状和发展趋势，为营销策略制定和企业决策提供正确依据的信息管理活动。是市场调查与市场研究的统称，它是个人或组织根据特定的决策问题而系统地设计、搜集、记录、整理、分析及研究市场各类信息资料、报告调研结果的工作过程。市场调研是市场预测和经营决策过程中必不可少的组成部分。

任何一个好的玩具产品的设计，都不是毫无根据地只是为了追求形状的奇特而设计。竞争的市场是残酷的，开发一个产品需要很多的财力，若没有严密可靠的数据资料做基础，失败的代价是很高的。同一类玩具产品的形态多样，虽各有不同却也是根据实际需要而设计的。因此，玩具产品在设计前设计者必须做踏实的调查、研究工作，做到知己知彼。

市场调查的对象一般为玩具的消费者，同时包括玩具的零售商、批发商、专卖店、幼儿园、学校、人群等。以销售商、零售商、批发商、专卖店为对象的玩具经销调查，以玩具的消费群体为对象的消费调查。例如，儿童时期是个体消费依赖期，他们的消费在很大程度上是由成人决定的。同时要考虑到有些如婴儿、幼儿玩具产品的购买和使用者不一致，在调查时要考虑到家长的期望、性格、教育程度、经济、审美等不同形成了需求的多元化的主要调查因素。成年人抱着自己对婴幼儿特定的认识来选择婴幼儿玩具，孩子的父母成为玩具的直接购买者。因此，设计师应认真进行市场调查，不仅要对作为商品的产品进行调查、对市场进行调查，而且要与儿童进行良好的沟通，要不断地去发现、观察、倾听和研究，同时也要更多地倾听父母的声音，以获取可靠、准确的信息，使我们的设计更有针对性，能够让产品被消费者接受。

市场调研的内容根据产品的不同而各有侧重。它可以由专业的市场调查公司来委托调查，也可以由玩具企业自己的企划部或市场推广部来完成，具体的制定玩具调查目的以及确定调查的内容。对玩具消费者调查可以按他们购买、使用、使用后的评价、对过时玩具处理等方面列出具体的问卷或调查细目。调查的内容要做到有条理、按顺序、全面细致，同时不要过于繁琐，否则会让被调查对象产生不必要的厌烦心理，同时也没有必要把与玩具调查无关的内容放入调查的范围中。

玩具的市场调查研究除了对消费者做重点细致的研究以外，还应该对玩具行业有一定了解和研究，主要是指要了解同类开发产品的玩具公司的具体生产能力、产品特征、销售特征、市场占有率、设计开发能力、同类企业采用的新的技术工艺，产品开发动向等。这里包括玩具加工中的科技含量、外观表面处理工艺调查，玩具具体制造材料的工艺和加工技术调查，国内外各企业同类产品的加工特点、用料选材特征调查，玩具内部结构处理的研究与调查等。

市场调研内容一览表，如图5-12所示。

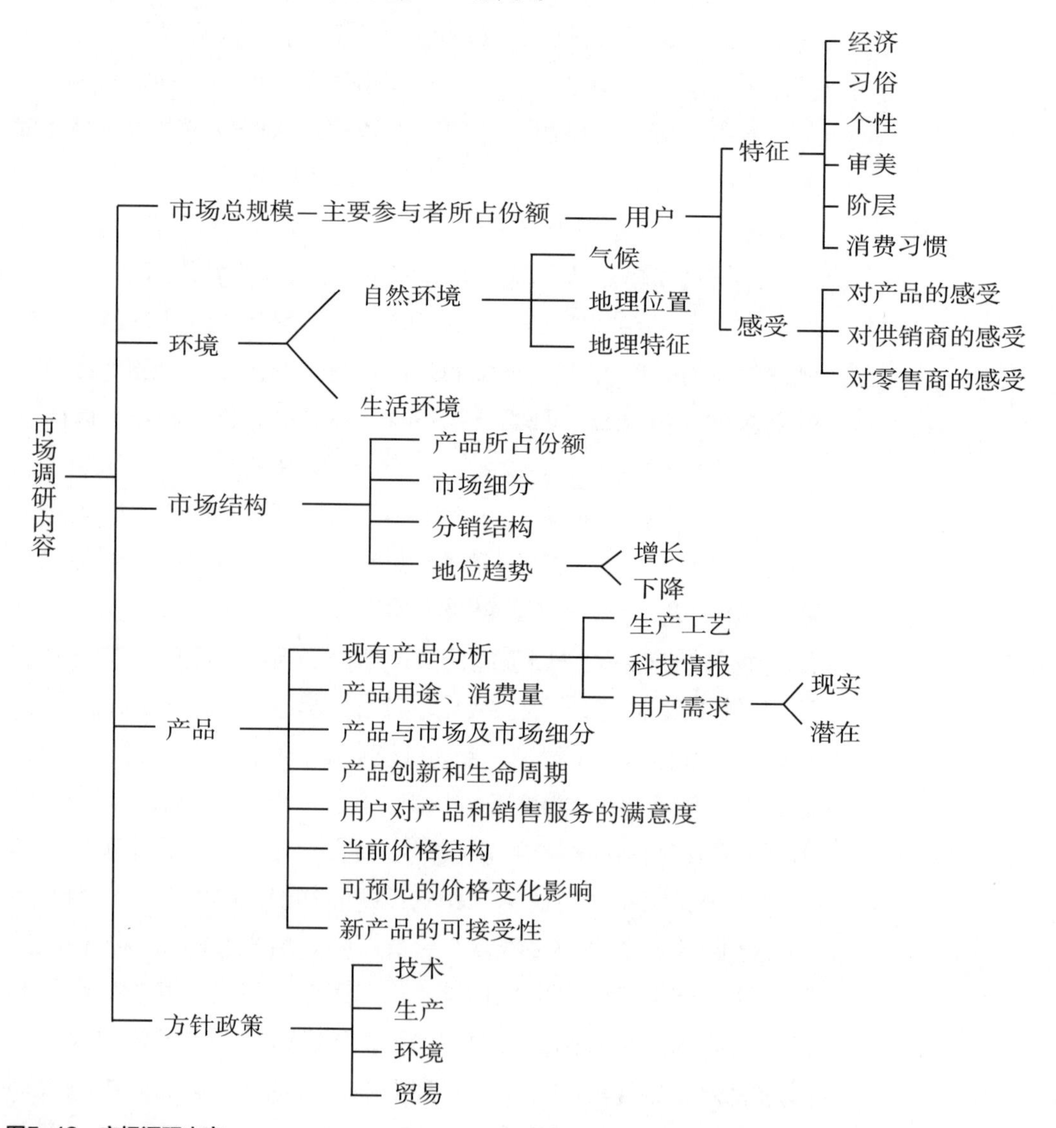

图5-12　市场调研内容

① 市场调研流程的11个步骤：确定市场调研的必要性；定义问题；确立调研目标；确定调研设计方案；确定信息的类型和来源；确定收集资料；问卷设计；确定抽样方案及样本容量；收集资料；资料分析；撰写调研报告。

② 市场调研的方法：市场调研的方法很多，最常见的有面谈询问法、查阅法、观察法、购买法、互换法、试销试用法等，根据产品的性质确定问询内容，设计好调查问题，使调研工作尽可能方便快捷、简短、明了。

③ 调研结果内容的展示形式：开放式问题各类答案的明细表；互动式的网络报告；各类表格的在线报告；可供仔细分析的各种数据及图表，用户可以从图表中进一步挖掘信息；调研服务提供者及分析师的结论、分析和评论；调研方法的技术分析；对数据的统计分析；样本相关信息；被调查者是否做出反馈的相关信息；与企业门户网站链接的各类数据，方便开展其他项目研究和决策支持；各类链接与索引，方便对调研报告数据的查询和利用。

3. 明确设计目标阶段

问卷调查结束后，即进入调查的整理与分析阶段，将市场调查问卷收集归类后由专门调查人员进行检查分析，在调查的结果上，对数据进行大量的分析与对比，找到玩具产品较为准确的设计方向，这一过程称为市场预测。

设计师对设计的定位是建立在收集到的大量推论和数据分析的基础上做出的合理设想，以及在对各方面资料进行综合分析、研究、判断的基础之上，从而确定使玩具企业认清未来玩具消费、玩具科技与材料、玩具造型总的发展趋势。同时，在大胆预测下，设计师能创造出更具超前性的玩具设计作品，提出各种抽象解决方案，明确设计的总体目标，开发出与市场相吻合的玩具产品，在同行中取得领头创新的地位。例如，日本市场与欧美市场完全不同，其玩具颜色淡雅，做工精良，对于细节的要求远远超过别的国家。在其他国家不怎么受人欢迎的乌龟，在日本却是吉祥物，所以各种乌龟玩具深受日本消费者的喜爱，这就是日本消费者的习惯与爱好。

4. 构思草图阶段

草图是设计师最初的设计概念和构思表现，是将自己的想法由抽象变为具象的一种重要的手法。设计师对自己设计的对象进行构思和推敲，通过不断地整理设计思维，并将设计意图清晰地表达出来（图5-13、图5-14）。设计草图上往往有文字、尺寸的标注，色彩指定以及结构展示等。

设计草图也是对视觉思维能力、想象创造能力、绘画表达能力三者的综合。它可以帮助设计师展开不同的设计思路，但这些雏形都将给设计师拓展思路提供各种可能性。这个过程的目的，不在于画面效果，而在于观察、发现、思索，强调脑、眼、手、图形的互动。再通过这些可能性的概念，设计师逐步发展、淘汰一些设计，逐渐成熟自己的构思，最终将它变成现实。

通常设计草图包括记录性草图和研究性草图。设计师收集资料、构思整理时常用记录性草图，研究性草图则偏重于思考的过程，利用草图对结构和形态进行“推敲—表达—再推敲—再构思”。

草图都是将头脑中的意图以最快、最简洁、最概括的图形记录下来，产品造型特征基本明确，而一些细节则是省略的。绘制设计草图的常用材料与工具有钢笔、铅笔、马克笔、水彩、透明水色等。设计草图的绘制应注意所表达对象的结构；注意透视及其他用于表现立体感的方法；注意色调、质感、光影；注意构图，选取最佳的比例、角度来表现。

5. 方案评估，确定范围阶段

方案草图到了一定的程度后，必须对所有的设计想法进行筛选。初步筛选的目的是去掉一些明显没有发展前途的设计概念，所保留的设计发展方向可宽一些。这

图5-13　毛绒玩具构思草图

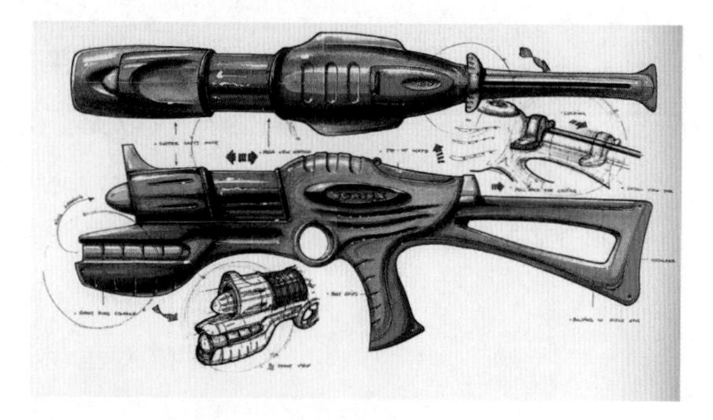

图5-14　玩具枪手绘设计图

样可以使设计师集中精力对一些较有价值的设计概念做进一步的深入设计。

6. 效果图制作阶段

玩具设计是一种创造性的活动，设计师通过玩具产品设计满足儿童的物质和精神需求，这个过程从最初的创意开始，逐步进入创造玩具形态的具象化过程，借助于特定的图形手段把未来玩具产品的结构、形态、材料、色彩等因素在视觉化的过程中表现出来，也就是说玩具效果图是设计师经过设计构思确定设计方案后通过一定的表现技法而表现出玩具最终效果的预想图。每一个设计师掌握和精通效果图的绘制这种语言是必备的基本技能。在设计范围基本确定以后，用较为正式的设计效果图给予表达，目的是直观地表现设计结果。效果图是速度最快、表达程度近乎真实和完善的一种方法，被称为设计师的语言（图5-15、图5-16）。

图5-15 玩具车效果图

图5-16 玩具机器人效果图

玩具效果图是产品设计师表达设计方案和设计意图的重要手段。随着我国加入WTO（世界贸易组织）以后，玩具产品造型设计在企业中的地位越来越重要，产品效果图的作用也日益明显，同时，专业化的产品效果图在技法、工具、材料上也不断更新。特别是电脑效果图的出现，效果图的表现手段更加快捷和逼真。它具有精密准确、外观速度快、质感逼真等优势，给观者真实的视觉效果，给设计师提供更灵活的设计空间，使设计者能充分发挥自己的想象力，丰富了表现手段。

7. 模型制作阶段

英国著名工业设计师(Payne John)先生曾说过“……不做模型，怎能搞好工业设计，怎能搞好新产品造型，设计新产品不做产品模型，是不可思议的……”。

玩具产品模型是产品设计过程中的重要环节，是玩具产品造型设计的需要，玩具产品模型为玩具的纸面设计和玩具的立体造型搭起了一座桥梁，按照一定的尺寸比例，选用各种合适的材料制作成接近真实的产品立体模型，为玩具产品造型设计提供了一种重要的设计表现手法。同时设计方案以三维形体充分表现设计构思，客观地、真实地从各个方向、角度、位置来展示产品的形态、结构、尺度、色彩、肌理、材质等（图5-17）。

图5-17　玩具模型

另外，通过产品模型可研究处理草图和效果图中不能充分表达或无法表达的地方，可研讨构思草图中不可能解决的产品形体上很多具体的空间问题，如线面转折的过渡关系、细部与整体的协调关系、外观形态与内部结构的关系等，不断纠正从图纸到实物之间的视觉差异，从模型中理解产品的设计意图，进一步发展和完善设计构思，调整修改设计方案，检验设计方案的合理性。玩具模型还为设计交流提供一种实体语言，以利研讨、分析、协调和决策，使有关人员充分了解设计者对产品的设计构想，并对所设计的产品做充分的分析和探讨，了解未来真实产品可能发展的设计方向。并且还为玩具产品投产提供依据，如产品性能测试、确定加工成型方法和工艺条件、材料选择、生产成本及周期预测、市场前景分析及广告宣传等，从而确定生产目标。

玩具产品造型设计模型作为一种表现和研究产品的方法，在设计中占有重要的地位。设计者应充分运用模型这种表现研究玩具产品的设计方法，掌握模型制作的材料和加工手段，通过玩具产品模型的制作，深入直观地探讨产品造型的总体布局、线型风格、空间体量、人机关系、比例大小、表面处理等问题，从而更好地把握玩具的功能、形式、结构、工艺、材料等之间的关系，把握新产品的开发设计方向，大大提高设计质量，使设计更加完善。

8. 撰写设计报告阶段

设计报告是设计师为把设计正确地介绍给对方需准备的一份材料。设计报告的编排要精心设计，报告内容要简明扼要。设计报告的设计制作既要全面，又要精练简洁、突出重点。为了给决策者一目了然的感觉，设计报告的编制排版也要进行专门设计。报告中可采用文字、图、表、照片等穿插结合方式进行表达。一般要准备以下材料：

① 目录：目录内容应按所设计的时间和设计程序来确定，排列必须一目了然，并标明页码。

② 设计计划进度表：标明设计过程中每个环节所需的时间。

③ 调研资料：从产品、竞争对手、消费者、环境、自身能力等五个方面入手搜集资料。常采用文字、照片、图表相结合的方式来表达。

④ 分析研究：对同类产品进行市场分析、使用功能分析、工作原理分析、材料分析、结构分析、操作分析等，提出设计概念，确立设计定位。

⑤ 设计展开：设计构思(表达要使人能理解构思的发展过程)、效果图、人机工程学研究、实现技术可行性分析、色彩计划、样机(可用照片)等。

⑥ 设计说明：以简练的语言表述该设计方案的可行性。

9. 产品测试，设计评价阶段

① 当玩具样品制作完成后，就要进行原型测试。将玩具样品同设计目标进行比较。对原型的测试工作应当由营销部门或者一个单独的新产品管理小组来完成。这一技术工作要得到的是原型与设计目标之间的差别，然后再与设计人员进行协商以取得一致。或者是得到样品后，还得对它进行技术测试和开发。为使产品最终能走入市场，还得对玩具产品进行各种的测试，包括跌落测试、化学测试、油漆涂层测试、力学测试等。

② 当产品模型进行测试以后，要对玩具样品进行分析，检查

是否符合预先设计的要求，结合测试报告给出正确的评价。

第三节 静态玩具设计简介

本节主要介绍静态毛绒玩具的设计。

毛绒玩具价格便宜、工艺简单、制作容易，一直在玩具市场上占有重要的地位。毛绒玩具就是用羊毛绒、化纤绒、棉布、化纤布、毛巾布等面料经过裁剪、缝纫、填充而成的软性玩具，也称填充玩具。现在毛绒玩具的品种越来越丰富，功能趋向多样性，如装饰性、实用性、智能化的品种也在不断增加。也有的用毛绒材料制作的实用家居类产品和装饰摆件，常见的有毛绒书包、沙发靠垫、车饰、拖鞋，甚至还有小朋友穿的外衣。

随着科技的飞速发展以及高科技在玩具中的广泛运用，给玩具的创新带来了极大的发展空间。在长毛绒玩具内加入了声、光、电的高科技装置，则是将静态毛绒玩具与机械、电子玩具的机芯进行完美结合的玩具，增加了玩具的功能和品种，提高了产品的功能档次和附加价值，属于动态玩具。例如，长毛绒电动玩具动作逼真，可以翻跟头、行走。长毛绒机动玩具增加了振动机芯或八音机芯，越来越智能化，可以说话、唱歌甚至与人对话等。

一、毛绒玩具的种类

1. 玩偶类毛绒玩具

玩偶类是比较传统的毛绒玩具，手感柔软，造型可爱，一直受到消费者的喜爱。现在一些玩具制造商，在传统产品方面返璞归真，保留了原有的风格，又在面料方面有很大的创新，利用面料的流行趋势带动玩具的流行风格，创作出不断变化且适应市场需求的毛绒玩具。

2. 实用类毛绒玩具

实用类毛绒玩具的品种日益增多，它集美观和实用于一体，深受各个年龄段人群的喜爱。如动物造型书包，可爱、轻巧，增加了趣味性；动物造型靠垫，柔软、舒适，给居室增加美观；动物造型童鞋，轻便、舒服，给儿童带来温暖。还有动物造型睡袋、帽子、相框等，都为毛绒玩具带来极广阔的市场。

3. 智能类毛绒玩具

增加电子芯片的毛绒玩具越来越智能化，能与儿童对话，可以提出问题，并能够分辨答案是否正确，非常具有吸引力。此类玩具造型逼真，加上运用了现代电子技术，更增添了它的魅力，尽管价格不菲，仍受到消费者的青睐。

4. 电动类毛绒玩具

电动毛绒玩具具有静态毛绒玩具的欣赏功能，还具有发展儿童智力、丰富儿童生活的作用，两种功能俱全，比其他玩具更具多用性。例如毛绒玩具“小狗翻跟头”，不仅可以摇着尾巴走路，而且还能向上蹦起，向后翻跟头，非常俏皮可爱。

二、毛绒玩具设计的特殊性

毛绒玩具的设计结合了服装裁剪、卡通艺术、造型艺术。

1. 选择面料及辅料

毛绒玩具的面料开发对一个设计者来说至关重要。如何开发、挖掘到新款的面料，制作出外形奇特时尚的毛绒玩具，则完全取决于设计者的想象力、观察力、创造力和实际的设计经验。

现在的面料市场品种繁多，有针织面料、大小圆机织纺面料，有经编、纬编、横机编织等，甚至还有无纺布、涂层的面料，它们都可以用来制作填充玩具。只要是手感好，质地柔滑，底板纤维牢固，不会因填充过度而暴裂缝口的面料，都可以作为毛绒玩具的制作面料来考虑和使用。当然，面料的选用还要考虑到生产工艺的适用，要符合玩具生产的各项安全测试标准。如果在市场中挑选不到理想的面料或者有些面料的色彩不太理想，还可以通过和面料生产商的合作，自行设计开发，生产出新的面料来做填充玩具。

2. 初步进行开版，并讨论改版

毛绒玩具的立体成型，是通过设计人员凭借效果图画出许多不同形状、轮廓的裁片，经工人裁剪、缝接、填充之后而获得的。设计片形、绘制裁片图的过程，称为开片设计。毛绒玩具

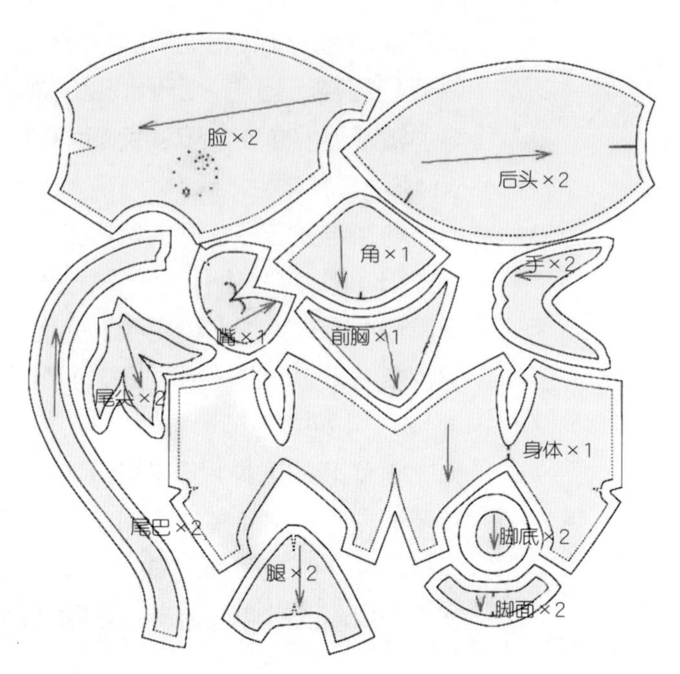

图5-18　毛绒玩具的版型

的裁片类似服装裁片，只是服装裁片较有规律，而毛绒玩具的裁片是千变万化的，每一套裁片就决定了一个立体动物形态，它决定了设计外形的好坏，它也是设计中最复杂、最繁琐的（图5-18）。

开片设计既要使布绒玩具符合形体美、装饰美、工艺美等要求，又要节约用料、合理用料，以便降低成本，取得最佳的经济效益。既美观又经济。

3. 进行成本测算

毛绒玩具成本核算主要包括以下几个方面：

首先根据排料图将不同材料的每打用料数量填入表格，再乘以单价就得到每款材料的金额。

各项相加得到主材料的总价。

根据不同辅料的数量和单价计算出各种辅料的金额。

各项相加得到辅料的总价。

不同包装箱和塑料袋的价格不同，根据其规格所对应的价格计算出包装材料总金额。

根据工时费用计算出工资成本。

主料、辅料、包装费用、工资成本相加得到材料总成本合计数。

再计算出工厂的一些相关费用，得到工厂的成本价格。

最后计算出出厂价格。

第四节 动态玩具设计简介

一、动态玩具的设计特点和方法

动态玩具是工艺美术与工程技术的完美结合。它涉及美学、艺术学、机械学、电学、材料学等多方面的知识，这就要求设计人员具有较高的综合素质，尽量多了解和掌握各方面的知识，抓住动态玩具的设计特点，不断设计开发出玩具新品。

动态玩具设计特点

动态玩具除了具有一般玩具所共有的趣味性、观赏性、教育性以外，还能表现各种灵活有趣的动作，因此深受儿童的喜爱。如何把美与科技完美地结合起来，在设计动态玩具时应体现如下几个特点。

① 外形美观，动作有趣。一方面，消费者选择玩具首先要看外观是否吸引人，漂亮的外形、鲜艳的色彩，会立刻引起儿童的注意，激起他的购买欲望；另一方面，动态玩具的突出特点是能够实现各种各样的动作，以满足儿童的乐趣。外形设计和动作设计是相辅相成的，一般分为两类：一类是模拟仿真设计，模仿现实生活中的人物、事物、动物、交通工具等，这类玩具可以为儿童展现成人的世界，让儿童在玩耍中了解自然，了解社会，如行驶的警车、救护车，跳动的青蛙、袋鼠，弹琴的小人等；另一类是夸张变形设计，通过想象的外形和动作，引起儿童的兴趣，激发儿童的好奇心、想象力和思维能力，如会翻跟头的摩托车，能发光的机器人（图5-19），能做各种动作的智能狗等。

图5-19　发光的机器人

② 动态玩具要求运动灵活，但对其运动精度不必有过高的要求。动态玩具本身有传动系统，有凸轮、连杆等运动机构，它的设计类似于一般的机械设计，但又有它本身的特点。动态玩具强调动作的灵活性，对机构动作的速度、位置、轨迹等不要求很精确。因此，要求构成运动的两构件之间的配合不能过紧，以免影响运动的灵活性。另外，配合精度不要太高，以降低加工成本。

③ 与机械设计不同，一般的动态玩具载荷较轻，各构件质量较小，速度不高，所以通常设计时不做构件的刚度、强度和动力学计算，只要满足结构要求即可。但有些特殊玩具除外，如童车、户外游乐设施、活动健身玩具等，必须满足强度要求，以保证儿童的使用安全。

④ 动态玩具的主要对象是儿童，价格不能过高，因此要尽量降低成本，玩具结构要尽量简化，尽可能多地采用标准通用件等。

⑤ 设计时必须考虑玩具的安全卫生标准。人们越来越重视玩具的安全问题，国内外对玩具的安全标准有严格的要求，设计时必须考虑。如对玩具原材料和涂料的要求，对表面粗糙度的要求，对螺钉等小零件的安装牢度要求等。

二、动态玩具设计的特殊性

动态玩具设计过程一般包括两个阶段：产品设计阶段和工程设计阶段。产品设计包括确定玩具的主题、性能、动作类型，外壳的形式和颜色，使用者的年龄范围等。这一阶段以玩具的彩色效果图来体现设计内容。工程设计包括动力源的选择，传动系统设计，动作机构设计，材料选择，安全要求，成本核算等。这一阶段要画出玩具总体装配图、部件图、零件图等。

1. 设计构思

在做动态玩具设计时，题材要突出玩具的动作，在掌握了机械设计的基础知识以后，要对一般的机械设备、各种动作机构加以分析、研究，考虑如何合理、巧妙地运用到玩具的动作机构上，已达到玩具机构简洁但动作有趣。

2. 部件设计

依据总体设计方案确定的参数、尺寸，对每一部件、零件具体的零部件设计，实现总体设计方案的目标，具体设计包括如下：

确定部件的结构，画出各部件的装配图。部件图设计和总体装配图设计可能是相互交叉进行的，因为在进行总体设计时，有的结构、位置安排考虑得不一定完善，进行部件设计时，对总体设计及时做出补充和修改。根据各部件装配图，对每一个具体零件的尺寸、形状、材料等进行设计，画出零件图，并注明具体的技术要求和形位公差等。对不需要绘制零件图的通用件、标准件，应在总体或部件装配图中列出其名称、型号、材料等明细表。技术设计是一件非常严谨、仔细、辛苦的工作，要求设计人员必须要有严谨求实的态度，认真地把每一步做好，以免出现差错。

3. 线路设计

电动玩具是机动玩具的主要门类，一些动作复杂、技术含量高的玩具大部分都是电动玩具。电动玩具中的线路设计也是技术设计的一个主要部分。一般来说玩具的动作越多，内部电路设计越复杂。在设计时尽量利用玩具内部现有的元件，以使线路简化。现代玩具中集成电路的应用，逐渐代替了原有的机械电路，使得玩具内部结构更简单，动作的可靠性更高。

4. 样品试制与试验

玩具效果图设计和零部件设计完成以后，要进行样品的试制，并进行必要的试验来检验是否满足设计方案的要求。在试制过程中还要考虑加工工艺、装配工艺等各方面的问题，对技术设计做必要的修改。

5. 设计定型

完成以上几个阶段以后，经过有关方面的鉴定，确认产品符合设计要求，并且符合安全标准，而且各种图纸齐全、规范，技术文件和资料充分，即可投入小批量生产。经过小批量生产，通过使用，进一步发现问题加以改进，即可定型。

第六章 玩具设计发展与展望

第一节 玩具设计中的市场需求趋势

目前，面对玩具市场的巨大需求，玩具行业的飞速发展也使玩具企业的竞争已到了近乎白热化的地步，很多品牌都在寻求差异化的竞争路线，有的瞄准高端市场，有的坚持走传统路线……。作为玩具设计师必须要了解市场上的需要。

一、成人玩具渐成主流

近年内，随着社会经济的飞速发展，人们物质生活水平不断提高，同时人们对精神生活的追加也与日俱增，这种状况促使了成人玩具的风行。由于成人玩具的市场需求不断加大，导致了玩具市场的多元化和专业化发展，也让人们开始认识到，玩具不只是孩子们的专属，大人们同样有一颗“玩心”。玩具心理学家认为，成人也有游戏心理，总希望在游戏的世界里找回平衡。因为对于成人来说，在紧张忙碌的生活中，玩玩具可令人暂时忘记压力，成为最好的解压工具。在成人的玩家群体中，有喜欢收集制作兵器、战车、大型战争场景的“军模发烧友”；有热衷仿真车模收藏的“藏车族”；有痴迷航模、车模等竞技活动的“玩模一族”；还有专事玩具制作的“DIY”玩家；以及“领养”SD娃娃为乐趣的“养‘娃’族”这些相对较为窄众的消费群体，支撑着国内高端玩具市场80%以上的消费份额。

在成人玩具中以减压为目的发泄玩具、整蛊玩具、搞笑玩具更是成人玩具消费的主要产品类别。

1. 发泄玩具

当今社会无论什么层次的人群，都有不同程度的压力，缓解压力新招就是发泄玩具，这种玩具看似无聊，实则可以在玩耍的过程中进行自我心理治疗。如图6-1发泄球是造型多变的“发泄球”，可以直接摔在墙上或者地上以及用手挤压，两三分钟过后即可恢复原状。

2. 整蛊、搞笑玩具

以整蛊别人、搞笑娱乐之用。主要用在万圣节或者愚人节等特定节日，如在西方传统的鬼节万圣节里，孩子们会戴上骷髅面具，如图6-2所示，装扮成鬼怪的样子到邻居家搞一点恶作剧。整蛊、搞笑玩具近年来在中国也很受年轻人的青睐。

图6-1 发泄球

图6-2 骷髅面具

二、绿色环保玩具成焦点

绿色环保玩具主要体现在材料环保和能源环保两个方面：

1. 材料环保玩具

材料环保是指在玩具的原料采用、产品制造、使用和再循环利用以及废物处理等环节中与生态环境和谐共存并有利于人类健康的材料，它们要具备净化吸收功能和促进健康的功能。比如选用玉米淀粉、红薯淀粉等天然廉价再生资源为原料，并经科学配方及工艺，生产出无毒、安全、环保的新型绿色玩具，以淀粉为原料制作儿童玩具，既解决了原料的毒性问题，同时又解决了现今塑料玩具的原料依赖非再生资源石油的问题，这是一种可持续发展的产业。如图6-3所示绿色玉米淀粉制成的玩具。

图6-3 玉米淀粉制作的益智玩具

2. 环保能源玩具

环保绿色能源也称清洁能源，是环境保护和良好生态系统的象征和代名词。它可分为狭义和广义两种概念。狭义的绿色能源是指可再生能源，如水能、生物能、太阳能、风能、地热能和海洋能。这些能源消耗之后可以恢复补充，很少产生污染。广义的绿色能源则包括能源的生产及其消费过程中选用对生态环境低污染或无污染的能源，如天然气、清洁煤和核能等。这里主要是指采用绿色能源使用的玩具。例如，图6-4“太阳能机器人”能帮助儿童了解太阳能的作用，学习如何利用太阳能为人类服务。小朋友还可以自己动手组装简单的机械。这套玩具包括一个太阳能电池板、电池板支架、小型发电机与电线、太阳能电池板手臂等。组装完成后，将太阳能电池板和机器人放在阳光下，机器人将会自己运作。

三、动漫、游戏、影视剧主题玩具畅销不衰

文化创意产业被认为是21世纪最具发展潜力的新兴产业之一，在文化创意产业中，动漫、影视剧都占有相当重要的位置，随着动漫以及影视剧的热播会吸引大量的观众，这些观众不仅被迷人的剧情而吸引，同时对其中主人公的喜爱也逐渐升温，必然促使动漫玩具的市场份额也随着扩大。此外，网络游戏与玩具的紧密结合，也使玩具业有了长足的发展，逐步走向多元化。就在不少玩具企业还在考量着动漫与玩具结合的可行性时，网游元素的加入又让企业有了更多的选择空间与合作机遇，越来越多的网络游戏角色成为玩家手中把玩的玩具。

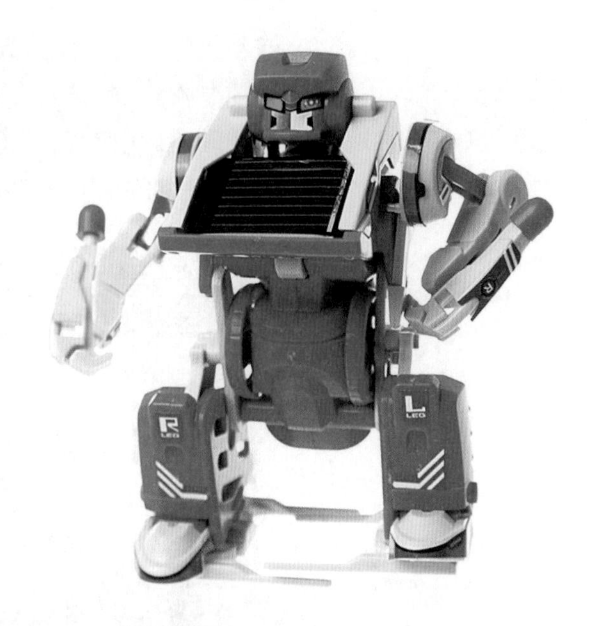

图6-4　太阳能机器人

四、高科技含量的玩具受追捧

高科技玩具是指采用高科技和高科技手段生产的知识密集，技术含量大的高附加值创新玩具产品。儿童玩具市场总是多姿多彩，特别是在科技飞速发展的今天，各种高科技手段也都被应用到玩具设计中，使玩具更具魅力。在玩具市场中遥控类玩具、智能型玩偶和机器人、电子宠物、各类中小型游戏机在内销市场广受欢迎，比起一些静态的玩具，具备了声光电功能的动态玩具在玩具市场有着明显的消费优势。例如银辉玩具遥控飞行机器人（图6-5），它是采用了可供长时间飞行锂聚合物电池，运用了双翼平衡系统，易于操纵，飞行稳定。双信道数码比例遥控，一频三信道。超炫的LED灯设计，巧妙的双主桨设计，顶部双主桨均有同一马达驱动，

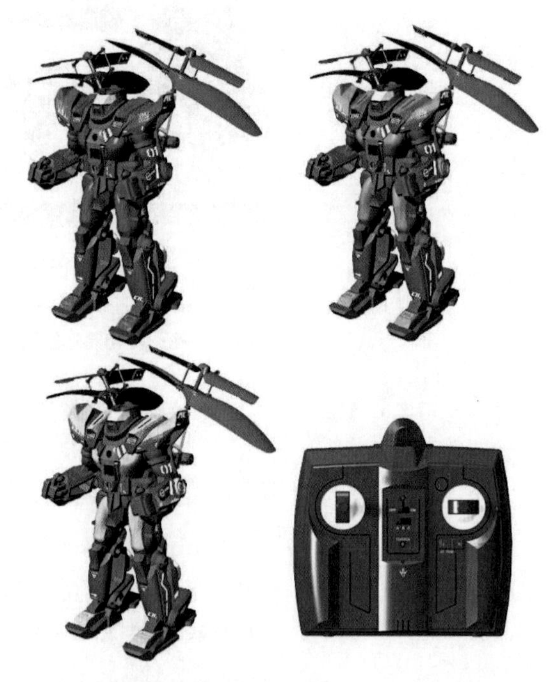

图6-5　银辉玩具 遥控飞行机器人

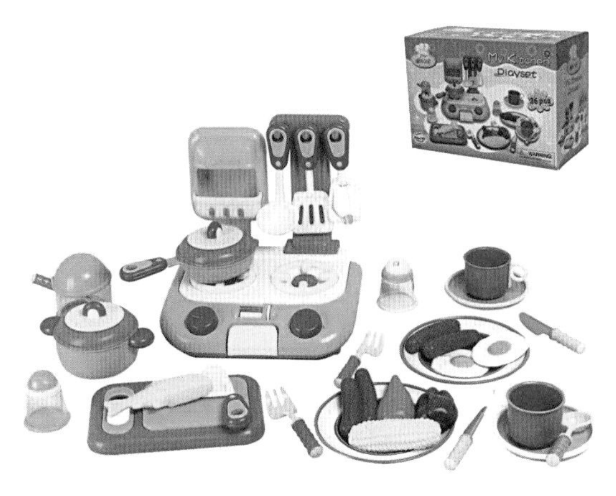

图6-6 过家家玩具

通过巧妙设计的齿轮箱组合，使它们拥有重叠的转动区域但不会相撞。由此可见，一个小小的玩具却融入了众多的高科技手段。

电子科技的影响已经涉及玩具领域，融入电子芯片的科技玩具已经成为市场的新宠。鉴于当今的儿童从小就开始接触电脑，为了能够迎合他们的心理需求，玩具也必须具有挑战性及创新性，传统玩具与电子技术相结合是玩具产业发展的必然趋势，也是玩具产品流行的必然趋势。

五、益智玩具稳中有升

益智玩具是我国儿童玩具的首选，我国的家长素有望子成龙的情结，因而儿童的启蒙教育被很多家长当做大事来抓，因而，家长在给孩子选择玩具时，一般愿意挑选那些能启发孩子想象力和观察能力的玩具。除了积木和拼图等传统益智玩具外，可以随意拆装的多功能汽车，孩子过家家用的整套家具、厨房用具（图6-6），甚至包括房屋、人及各种工具与动物的拼插玩具等也都受到家长和孩子们的欢迎。

第二节 玩具设计中的安全需求趋势

玩具，是孩子成长过程中不可缺少的玩伴。可是那些存在着安全隐患的危险玩具，则是成为导致儿童意外伤害、威胁着儿童身心健康的“杀手”。大多数的儿童都还不懂把他们承受的痛苦用语言来表达和控诉，因此儿童玩具质量上的不达标，势必会给儿童的健康造成损害。

一、国内外关于玩具设计安全性的认识

玩具是一种涉及儿童身体健康和安全卫生的产品，为了更

好地保护儿童的健康，世界各国对玩具安全卫生的要求是很重视的。在美国玩具工业的玩具安全工作一直都是备受关注的，玩具安全在该行业里占主导地位。早在20世纪30年代，美国工业管理安全标准委员会就提出儿童产品和儿童安全之间存在的问题。之后，经过美国工业贸易协会的努力，第一个工业自愿安全标准产生了，随后美国又成立了国家事故报告机构和对受玩具伤害者的国家理赔等部门。早在70年代的美国安全标准协会就起草了综合性自愿玩具的安全标准。

在欧盟与玩具相关的技术法规中，最主要的就是《玩具安全指令（88/378/EEC）》。88/378/EEC是一个新方法指令，规定了玩具的安全质量要求和合格评定程序，所有进入欧盟市场的玩具首先要满足该指令的要求。值得注意的是，88/378/EEC颁布至今已有20年，欧盟已经于2009年6月30日发布了《玩具安全新指令2009/48/EC》（英文版，中文版），进一步提高了玩具的安全要求。新指令设定了两年的过渡期，即符合旧指令要求的产品于2011年7月20日之前可以继续投放市场，这一技术法规被称为目前世界上最严玩具安全技术法规。

新法规取代了欧盟1988年的玩具安全法令，进一步完善了对玩具安全的规定，例如限制玩具与食品混合销售，以保证儿童不会因失误发生自我伤害事故，对儿童用品明确提出稳定性要求，禁止在玩具和奶瓶中使用严重损害肝肾的增塑剂，禁止在玩具中使用易燃涂料，禁止在玩具中使用损害神经和内分泌系统以及影响儿童生长发育的化学阻燃剂。

日本对玩具的要求主要包括一些针对特殊玩具制定的法规，以及日本玩具协会的《玩具安全标准ST2002》和日本消费者协会的《幼儿三轮车标准CPSA0012》。在法规方面，《食品卫生法》针对直接接触幼儿（六岁及六岁以下儿童）嘴部并会造成伤害的玩具，规定了其使用的重金属、玩具原料和玩具的生产标准。对《食品卫生法》所管制幼儿玩具之外的玩具产品，《家用产品有害物质控制法》规定了有害物质含量等各项指标。一些电动玩具和由马达驱动或带电灯的游戏机需要遵守经济产业省颁布的《电器用品安全法》中的安全和电磁兼容要求。使用无线电的玩具需要符合总务省颁布的《无线电法》的要求。在标准方面，最主要的是日本玩具协会制定的《玩具安全标准ST2002》，规定了玩具的机械物理性能、燃烧安全性能和化学安全性能。此外还有日本消费者协会制定的《幼儿三轮车标准CPSA 0012》。

20世纪80年代的中国，对于玩具安全性标准在大规模的采用国际标准的基础上出台了GB 6675—1986《玩具安全》。由于玩具行业的不断发展，这一标准已经不能与市场变化同步，无法满足企业的需求。2003年制定了GB6675—2003《国家玩具安全技术规范》。

据调查，1990年4月，北京市玩具研究所在北京的16所医院和10所幼儿园里面对玩具引起的18个事件做了一个调查，其中3～6岁的幼儿受到伤害的有13起，占了72.2%，多数为男孩。甚至有的幼儿腿臂骨折、嘴鼻豁开、肌肤破裂，这些都是在玩大型玩具滑梯、转椅时造成的。小型玩具同样对幼儿的安全存在很大的威胁：如刀枪、珠子等会造成孩子戳伤眼睛，因为珠子太小而被吸进气管、鼻孔以及掉进耳朵里面的案例有很多。这些除了是因为大人的教育和管理方面不到位外，玩具本身的设计也是不合理的。玩具的表面切口问题以及油漆、涂料等含铅、铬、钡有害金属超标的问题，还有填充物的粉尘问题都没有得到确切的解决。

二、儿童毛绒玩具设计中安全需求

毛绒玩具一直都是中国玩具的王牌，同时也是生产和出口最多的玩具产品。毛绒玩具的造型逼真可爱、触感柔软、不怕挤压、方便清洗、装饰性强、安全性高、适用人群广泛，因此毛绒玩具用来装饰房屋，作为礼品送人都是很好的选择，同时，适合任何年龄的儿童玩。它通常是一些可爱的动物造型，也有儿童熟悉的卡通娃娃造型，如米老鼠、史努比、加菲猫等，还有一些精品娃娃，既可当做玩具，也可以视为伙伴，能给儿童带来安全感，它们也是最受欢迎的儿童玩具。

1. 毛绒玩具面料及染料使用安全

毛绒玩具对使用材料的要求很高，毛绒玩具的设计中除了需要可爱的造型外，还需要把所使用布料的特点与它的外表相结合。这就要求在选择布料时更加用心，毛绒玩具的质量安全主要取决于三个方面：面料、做工和填充物。其中面料包括面料的安全性使用和染料的安全性使用。面料的安全性主要是说面料的成分，其中包括天然材料和合成纺织物，天然材料一般不易脱毛，在使用合成纺织物时要避免使用易脱毛的面料。毛绒玩具最重要的是染料的安全性，所用的染料要求绿色环保无毒。染料的安全性直接关系到面料的质量安全，有很多染料含有致癌物质，这样有害的染料会通过玩具与皮肤的接触进入人体。特别是很多婴幼儿喜欢咬嚼玩具，这样更容易让有害染料随着唾液进入到儿童体内，这些都严重影响着儿童的身心健康。因此设计生产毛绒玩具和布料玩具时除了要使用天然材料外，对染料的选择也尤为重要。虽然很多厂家在使用合成染料时多数是经过环保处理的染料，但是在染色时这些染料还是需要使用很多化学助剂，它们对面料的安全性同样有很大的威胁。因此在选择染料时还是要选择那些天然植物来染色，这样才能达到玩具的相对安全性。

2. 毛绒玩具生产安全

保障毛绒玩具生产安全性，对其在生产过程中的做工要求同样重要，特别需要注意的是动物的眼睛、鼻子或者其他小饰物的牢固性，防止零件的脱落而导致吞食，给儿童造成伤害。另外，在生产过程中要小心谨慎，避免硬物或者危险物品落入玩具中，在孩子与玩具接触时刺伤孩子。由于一些毛绒玩具在设计中需要使用金属线，应该考虑到其断裂后可能会刺伤儿童的情况。同时，车缝线的结实度也是生产过程中严格要求的，表面不能出现破洞，车缝一定要牢固，检测时不易撕开，这样可以避免填充物漏出而被儿童误食。

3. 毛绒玩具填充物使用安全

毛绒玩具又称为填充玩具，可见填充物对于毛绒玩具是一个很重要的部分，它们与选择面料同样重要。由于很多贪玩的儿童经常会抱着毛绒玩具睡觉，有时还会拿毛绒玩具咬着玩，如果填充物不合格，里面所含的细菌会很容易进入孩子体内，多数会导致呼吸道感染，严重的甚至还会引起支气管痉挛、咳嗽和哮喘等疾病，有一部分小孩还会出现湿疹等皮肤过敏现象。毛绒玩具的填充物一定要使用对儿童身体无危害的安全健康的棉花，一般毛绒玩具使用的是二维或三维PP棉（涤纶棉），使用比较好的PP棉玩具本身比较柔软、饱满、弹性好不会有硬块，这样玩具本身会更受消费者的欢迎。毛绒玩具由于造型要求，内部需要使用填充胶粒，选择填充胶粒时要选择PE（聚乙烯）环保型的胶粒，所有产品的胶粒一定要用内袋包裹好，保障其安全性。

三、木制玩具设计的安全需求

由于木制玩具质地坚硬，是较为传统的一种玩具，积木、拼图、拼板等大多数都是木制玩具。木制玩具能训练儿童的动手能力，而且外观造型生动可爱、物美价廉、牢固耐玩、安全卫生、摔不碎、不生锈，也无锋利棱角，深受人们的喜爱，同时也是家长为儿童挑选玩具时的首选。其安全性要求很高，在设计中要严格遵守以下几点安全需求：

1. 木制玩具原材料使用的安全需求

木制玩具的设计一定要选择使用来自大自然的原生物质，因为它不夹杂任何工业化合物，所以玩具材质本身不会给孩子的安全造成威胁。由于材料的材质和性能不同，设计时也要充分考虑使用木料的基本性能，做到材料使用安全。木制玩具使用的木材有很多种，下面几种木材是比较常见的：橡胶木、榉木、桦木、椴木、松木、夹板。

（1）橡胶木　橡胶木木质均匀，纹理斜，较硬，切面光滑，易胶粘，油漆的涂装性能好。橡胶木有异味，容易变色和被腐蚀、虫蛀，也不容易干燥，耐磨性不好，容易裂开、弯曲变形。

（2）榉木　榉木比多数硬木都重、并且坚固抗冲击力强，在蒸汽加热条件下容易弯曲。对于制作造型很有益，钉子性能也很好，但是它容易开裂，在窑炉干燥和加工时容易出现裂纹。榉木纹理清晰，木材的木质均匀，色调柔和流畅。

（3）桦木　纹理很直而且明显，结构细腻、柔和光滑，质地较软(适中)。它的弹性强，加工性能好，切面光滑，油漆和胶合性能好，但是干燥时容易开裂翘曲，耐磨性不好。

（4）椴木　椴木的材质较软油脂性高，耐磨、耐腐蚀，而且椴木不容易开裂，木纹比较细，加工起来比较容易，韧性强。椴木的适用范围比较广泛，它可以用来制作木线、细木工板，在木制玩具中的使用广泛。

（5）松木　松木是一种针叶植物（常见的针叶植物有松木、杉木、柏木），有松香味、色泽淡黄、节疤多。松木容易胀大，所以极难自然风干，一般都需要烘干，脱脂去除有机化合物，漂白统一树色，中和树性，使它不容易变形，能够更好地利用。

（6）夹板　也称胶合板，行内俗称细芯板。胶合板有变形小、幅面大、施工方便、不翘曲、横纹抗拉力学性能好等优点。

在设计使用时我们要充分利用各个木材的优点尽量避免存在的缺陷，保障木材使用的安全性。

2. 木制玩具结构安全需求

木制玩具的原材料为木质，主要分为纯木制玩具、合成木制玩具、木辅玩具等，这就要求我们在设计产品时充分考虑到玩具结构的问题。很多小孩会喜欢吃玩具或者咬玩具，摔玩具或者拆卸玩具，使用原木制来做设计也保障了玩具的寿命。对于木制玩具的设计，在造型上木制部分可触及的和边缘部分应该光滑，没有棱角和木刺。玩具的部件不能过细或者是过长，过细的容易折断会刺伤孩子，过长的部件也会给儿童身心健康造成威胁。同时，应该考虑玩具本身的体积不能过小，过小的玩具容易被儿童误食从而造成儿童窒息。例如2009年10月6日，Daiso（加利福尼亚）有限公司对中国产木制玩具实施自愿性召回事件。此次被召回的木制玩具共4款（图6-7），分别为企鹅手铃、抻拉玩偶、鳄鱼玩具和旋转玩具。此次被召回的商品数量约为430件。召回原因是该玩具上的小部件易脱落，若被儿童误食，有致其窒息的危险。因此木制玩具对结构上的安全要求很高，因为多数木制玩具的结构是用镶嵌的方式来连接的，结构之间相连接的牢固度在设计中要达到标准，能够让部件之间连接牢固，不能出现脱落或者是松散等现象。

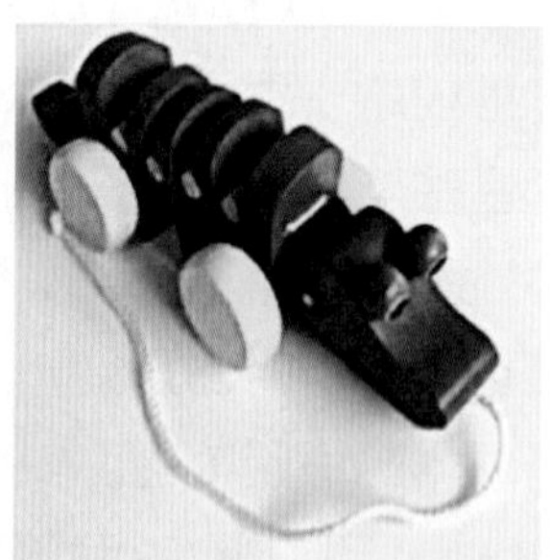

图6-7　被召回的玩具

3. 木制玩具涂料使用安全

对于木制玩具而言，玩具涂料的使用是非常频繁的。目前木制玩具产品所用涂料主要有：油漆（包括硝基漆、清漆、水漆）和油墨两大类，少量的玩具使用食用色素，还有个别含有指画颜料。用于溶解油漆的溶剂质量直接影响到成品质量。油漆质量的问题是木制玩具中出现问题最多的一个安全隐患，所以使用水性环保型油漆，从源头上保障质量。直接影响玩具涂料环保性能的有害物质主要有重金属类、邻苯类增稠剂和有机溶剂三大类。我们要选择和使用上述三方面能够同时满足国内外玩具涂料相关标准的油漆，这样才能确保使用涂料的环保性。其中重金属类通常是指锑、砷、钡、镉、六价铬、铅、汞、硒等物质，其中砷、硒为准金属元素，六价铬对人体有慢性毒害。这些不同种类的金属有害物质对人体均有着不同程度的危害，其中铅中毒对儿童的危害十分广泛，应该引起足够的重视。而邻苯类的增稠剂会造成儿童体重减轻，肝肾功能下降，血液中的红细胞减少，有致突变性和致癌性，给儿童的身体带来许多的不良影响。例如，2009年9月1日加拿大卫生署公布召回中国产Imaginarium牌三维多边形木制智益玩具。被召回的玩具是由1个带盖子的木制立方体盒子和12个色彩鲜艳的三维多边形组成，由于该玩具的表面涂料含有超过许用量的钡，一些由钡组成的物质用于医疗方面和商品方面是安全的，然而另一些由钡组成的物质能引起中毒，引起一些副作用，如恶心、呕吐、腹泻和肌肉痉挛，也有更严重的症状出现。儿童玩具用涂料中含有过量的钡是被加拿大绝对禁止的。有机溶剂是常用于玩具涂料制作中毒性较大的有机溶剂，在使用这些材料时一定要按照国际标准的含量使用，保障涂料的安全性。除了我们常常能够想到的油漆涂层中含有有害的金属元素铅、钡、镉等易超标外，还应该注意到其他一些质量方面的问题，如由于油漆质量不合格而导致玩具之间发生粘漆现象，特别是在温度很高（60℃左右）时（如运输过程中在被密封的集装箱内）造成各部件间相互胶粘，造成玩具本身表面上面的美观损伤。还需要注意的是，有的油漆黏附力不够强，易褪色或者是掉色，造成玩具之间的交叉污染，同时也会很容易被儿童舔食进入体内。

四、塑料玩具设计中的安全需求

塑料玩具轻巧方便，且易于携带，价格相对较便宜。通常色彩鲜艳，也便于清洗和消毒。

1. 塑料玩具的种类及使用材料安全

塑料玩具的主要原材料有：

（1）丙烯腈-丁二烯-苯聚合物　丙烯腈-丁二烯-苯聚合物含三种成分。丙烯腈，它可以使制品有较高的硬度，提高产品的耐磨性和耐热性。丁二烯，它可以加强产品的柔顺性，也可以保持材料的韧性和弹性及耐冲击的强度。苯乙烯，它有良好成型性（流动性着色性）以及保持材料的刚性。它可适用于注塑成型、挤塑成型、吹塑成型、真空成型以及压缩成型等玩具成型方法。丙烯腈-丁二烯-苯聚合物生产出来的制品尺寸稳定、光泽度和抗蠕性好。在所有需要做电镀处理材料的塑料玩具中，它是最适合的塑料材料。

（2）聚甲基丙烯酸酯-丁二烯-苯乙烯共聚物　聚甲基丙烯酸酯－丁二烯－苯乙烯共聚物透明、韧性好，耐酸碱、流动性好，易于成型着色、尺寸稳定。

（3）聚苯乙烯　它属于非结晶性塑料，极性化合物，俗称之“硬胶”。聚苯乙烯呈透明，光泽度好，易上色，可溶于有机溶剂，有利于喷油上色，它的成型收缩率和尺寸的稳定性好，但是聚苯乙烯质脆耐冲击性不强，表面容易擦花，对于成型后的玩具包装要求高，它的耐酸性很差，在遇到酸、醇、油脂时容易裂开。所以使用时在聚苯乙烯中加入适量丁二烯橡胶改性、从而改善了硬胶的抗冲击性。

（4）聚丙烯　也称百折胶，属于结晶性塑料，颜色呈半透明色，质量轻，可浮于水，具有良好流动性和成型性，表面光泽，化学稳定性高，不溶于有机溶剂，喷油、烫印和黏结困难。

（5）聚氯乙烯　它是属于一种非结晶性极性化合物，呈透明色。聚氯乙烯是通过添加增塑剂来调节它的软硬度，70℃下的聚氯乙烯是非常软的，当温度达到80℃时聚氯乙烯还是很软，温度在100℃的情况下聚氯乙烯基本不能脱模扣位了。聚氯乙烯不容易点燃，还会自动熄灭，它的热稳定性差。聚氯乙烯溶胶塑料在玩具上主要用于搪胶玩具。还有其他五种塑料玩具的材料如聚甲醛、聚乙烯、聚碳酸酯（价格比较高）、聚酰胺、聚甲基丙烯酸酯。

由于塑料玩具的主要成分是各类化合物，因此塑料玩具的质量安全是设计中必须要注意的方面，孩子在玩玩具时不会考虑到玩具里面所含的成分是什么，会经常把玩具放在嘴里嚼咬。如果塑料玩具成分不合格，玩具中的有害元素会通过唾液进入到孩子体内。有些劣质材料遇到高温后会释放有毒的气味，这些气味对儿童伤害很大，它会导致儿童生殖发育不良，也有可能影响到孩子的中枢神经系统。劣质塑料中甲苯含量很高，甲苯属于挥发性有机化学物，长期暴露在含甲苯的环境下，会损害呼吸系统和神经系统，增加患癌机会。为了确保塑料玩具的安全性，设计中应该采用硅胶取代部分塑料原料。因为在众多的合成橡胶中，硅橡胶是其中的佼佼者，它不溶于水和任何溶剂，具有无味无毒，化学性质稳定，不怕高温，抵御严寒的特点。但是硅橡胶的价格很高，所以为了使塑料类玩具得到更好的发展，应加大新材料和新产品的研发力度，依附新产品的安全性达到好的质量保证来提高玩具本身的价值，从而使塑料玩具的质量安全性得到保障。

2. 塑料玩具结构安全需求

塑料玩具的结构和小部件的牢固性也是设计中重要的安全需求，屡屡出现的由于塑料玩具零件脱落的玩具召回事件有很多。例如，浙江省义乌市欢喜玩具有限公司2008年4月10日起，召回2007年6月20日至2008年3月1日期间生产的塑料响公仔玩具，涉及玩具共18000件（每件4只）。这也是国内玩具召回的首个案例。本次召回是因为产品含有小零件（BB叫），而该小零件易从主体（搪胶鸭）中脱落，该玩具小零件脱落有造成儿童误吞食或误吸入气管等危险，存在一定的安全隐患。又如希腊召回中国产玩具飞镖和玩具枪，因其存在造成儿童窒息的危险，因为飞镖的长度小于57mm，用小于60 N的拉力可使它的吸盘脱落，形成小部件。飞镖头上的磁性圆盘表面积小于3cm^2。该产品不符合欧盟玩具法规和相关EN71标准，权力部门要求撤消市场上的产品。还有英国召回中国产警察玩具套件，产品可造成以下危险：用一般的拉力（小于标准规定）就可以使镖枪上的吸盘脱落，儿童一旦吞食，可导致窒息或呼吸困难的危险。手枪发射时产生的动能超过允许范围，该产品不符合欧盟玩具法规和相关EN71标准。这些都是由于玩具存在结构问题而被召回的事件。因此玩具内各个小部件的牢固性更是保障塑料玩具设计中的安全需求。表面的光滑度也是设计中需要注意的安全部分，如果玩具表面有尖突部分会割伤或者硬伤儿童的身体，给儿童带来伤害。

3. 塑料玩具涂料使用安全

塑料玩具表面涂料使用安全也是塑料玩具设计中的安全需求，很多塑料玩具由于涂料使用不当导致质量问题，大量存在安全隐患的玩具被召回。例如，广东省汕头市迪士嘉玩具厂有限公司根据《儿童玩具召回管理规定》的要求，向广东省质量技术监督局提交了产品召回报告，经审核并报国家质量监督检验检疫总局核准，决定从2008年7月3日起，召回自2007年9月27日至2008年3月10日期间生产的型号为TS907A-B/S的动物俱乐部桶装塑料玩具，涉及玩具共计1800桶。本次召回范围内的玩具，因为在生产过程中错误使用了过期报废的油漆，致使该产品中涂有墨绿色涂层的玩具表面油漆铅含量不符合国家玩具安全标准，存在一定安全隐患。

五、金属玩具设计中的安全需求

金属玩具，种类繁多，但最常见的还是“铁皮玩具”，如小汽车、小坦克、手枪等，男性儿童一般热衷于这类玩具，很结实，不容易损坏。

1. 金属玩具使用材料安全

金属玩具是铁、钢、铜等金属冲压成型作为外壳，以印刷或喷烘漆进行表面处理的各类玩具，金属玩具起源于19世纪末的德国。金属玩具加工工艺分为开模、印刷和喷漆、冲制、装配等四个部分，开制玩具模具的材料一般为45号钢或铬钨锰合金工具钢，使用的机械设备除了通用机床外，还有仿形铣床、电脉冲和线切割机床。

2. 金属玩具结构安全

金属玩具中金属是作为产品的主要材质，有些还全部都由金属制成，玩具本身设计时要尽量减少由于边角坚硬带来的伤害，玩具表面要保持光滑，玩具主体内包括的小部件牢固，以及结构的稳定性。玩具存在小部件脱落和结构不稳定而造成的儿童伤害事件很多，儿童会把脱落的小部件当做是糖果误食，在美国就有一起儿童吞食钢珠和磁铁的事件。因此，金属玩具对于结构上个体之间的连接牢固性在设计时需要我们高度重视。

3. 金属玩具涂料使用安全

在使用涂料上金属玩具使用的涂料主要是以各类油漆为主，因此金属玩具对使用喷漆质量的要求很高，它是直接保障金属玩具使用涂料安全性的重要环节。在设计生产中使用质量合格的漆涂料，在玩具涂料方面做到无铅无毒。

六、电子玩具设计中的安全需求

电子类玩具也可以划分为电动玩具和电子玩具：电动玩具是一种用微型电动机驱动的机动玩具，其中大多数以电池作为主要能源动力，又称为电池玩具。装上电池就能说话、唱歌、做各种动作的玩具，比起其他类型的玩具更生动活泼，更能引起宝宝的注意，但价格比较昂贵，尤其是遥控玩具，适合年龄比较大的儿童玩。随着电子技术的发展，电子玩具在20世纪50年代产生，最初它所出现的产品只是在一般电动玩具的基础上应用一些电子技术，例如使用声音和无线电波或者光波来控制玩具的动作，这类玩具被统称为电子控制类玩具。

1. 电子玩具结构质量安全

电动玩具在结构上应注意玩具的做工和表面是否光滑。有一些电动玩具，紧固螺钉的头部突出了玩具表面，使玩具本身表面有尖端，容易伤害儿童的皮肤。电动玩具由于质量问题被召回的事件有：在美国，前几年由于玩具在更换电池时易产生过热现象，有可能造成火灾而被召回，其中有一起是飞机模型起火，存在问题的电动玩具中包括两款飞机模型，这两款飞机模型使用的电池是可充电的锂电池。电子玩具由于用电发动，它本身具有的危险性也比一般玩具要高，除了一般玩具都存在的玩具本身造成的割伤、刺伤等问题外，还有电击、烧伤等严重的伤害。电子类玩具在设计上要结合技术来达到玩具的特点，在设计中要充分考虑科学技术方面的可行性，保障玩具的性能质量。玩具外壳的光滑度，玩具表面使用漆的质量安全，还有玩具使用声音的音量与灯光的亮度都是必须考虑的方面，避免给孩子带来噪声伤害和刺伤孩子的眼睛。

2. 电子玩具材料使用安全

电子类玩具主要是以外壳加机芯的形式组合成，它所使用的材料包括塑料、金属以及毛绒。对于材料的使用，要根据它使用的哪种类型的材料为依据，再根据它使用材料需要的安全标准为主。

3. 电子玩具涂料使用安全

电子类玩具涂料的使用主要决定于它所用材料而定，可以根据使用材料的不同来决定其涂料使用的安全标准。

第三节 玩具设计中的绿色设计发展趋势及展望

一、认识绿色设计

简单地说，绿色设计是指在产品及其寿命周期全过程的设计中，要充分考虑对资源和环境的影响，在充分考虑产品的功能、质量、开发周期和成本的同时，更要优化各种相关因素，使产品及其制造过程中对环境的总体负影响降到最小，使产品的各项指标符合绿色环保的要求。

二、绿色玩具设计的基本要求

1. 绿色玩具设计对制作材料的要求

随着地球环境状况的恶化和人类环保意识的加强，玩具对材料的选择要求也越来越严格。绿色玩具设计首先要求构成产品的材料具有绿色特性，具体地说，在材料选择时，应符合以下要求：

（1）环境友好型　在材料使用过程中，对生态环境无副作用，与环境有良好的协调性。

（2）不加任何涂镀的原材料　现在许多玩具产品设计中为了达到美丽、耐用、耐腐蚀等要求，大量使用涂镀材料，这不仅给废弃后的玩具回收再利用带来困难，而且大部分涂料本身就有毒，且涂镀工艺本身会给环境带来极大的污染。

（3）减少所用材料种类　绿色玩具设计时应尽量避免采用多种不同材料，以便有利于将来回炉再利用。

（4）低能耗、低成本、少污染的材料　这不仅指材料的使用过程同时也包含材料自身的生产过程，了解材料生产过程，对选择绿色产品材料是至关重要的，设计绿色玩具产品、保护环境就应该选择低能耗、低成本、少污染的材料。

（5）易加工且加工中无污染或污染最小　这就要求制作材料具备清洁、环保。

（6）易回收、易处理、可重用、可降解的材料　废弃后能自然分解并为自然界吸收的材料。玩具产品被使用完废弃后对环境的污染是严重的，所以，对玩具的材料选择时首先必须考虑其可回收、可处理、可重用、可降解的特性。

2. 绿色玩具设计对产品结构的要求

对玩具进行绿色设计的时候，玩具结构设计是否合理对材料的使用量、维护、淘汰废弃后的拆卸回收等有着重要影响。与玩具产品结构有关的准则有以下几方面：

（1）在结构设计中树立“小而精”的设计思想，如采用轻质材料、去除多余的功能，避免过度包装等，减轻产品重量。

（2）简化玩具产品结构，提倡“简而美”的设计原则，如减少零部件数目，这样既便于装配、拆卸、重新组装，又便于维修及报废后的分类处理。

（3）采用模块化设计，这样玩具产品是由各种功能模块组成的，既有利于产品的装配、拆卸，也便于废弃后的回收处理。

（4）在保证玩具产品耐用的基础上，赋予产品合理的使用寿命，同时考虑产品仍然具有完整的功能，只是由于款式、新旧程度、个人喜好等原因，而造成的产品废弃或淘汰。

（5）在设计过程中注重玩具产品的多品种及系列化，以满足不同层次的消费需求，避免大材小用，优品劣用。

三、发展绿色玩具的意义

通过对玩具的绿色设计，可以降低生产玩具对资源的需求量，减少生产玩具对资源、能源的浪费，而且绿色玩具所具有的可以重复利用、可以再回收的特点，又可以有效地减少对环境的污染。

总之，重视绿色玩具设计、培养优秀人才，使绿色玩具的设计人员不但具备玩具产品的设计经验，更掌握相当的绿色设计理

论和专业知识，深入了解玩具消费者心理和生理需求，不断捕捉国际绿色玩具设计的最新材料、工艺和标准，不断推出新的创意和绿色产品，使绿色设计在保护资源、造福人类的同时，使企业充满活力和生命力。“绿色”是未来玩具设计的发展趋势，研究绿色玩具设计，前景广阔，是企业竞争的最好策略。

附　　录

一、玩具展会

1．国内玩具展会介绍

（1）北京玩博会

主办单位：中国玩具和婴童用品协会

举办地点：北京国家会议中心

举办时间：每年7月25日—28日

展会性质：由中国玩具和婴童用品协会、中国国际贸易促进委员会北京分会主办的中国（北京）玩具动漫教育文化博览会是国内唯一面向大众消费者，汇聚一系列全新互动体验活动的“品牌玩具嘉年华”；通过与各式各类玩具的近距离接触，让孩子们玩得开心！让家长们深入了解玩具在提高孩子的沟通能力、创造能力、学习能力等方面的积极促进作用！

适用人群：玩具参展商、玩具销售商、玩具设计师、玩具行业从业人员。

（2）中国婴童用品和玩具展

主办单位：中国玩具和婴童用品协会

举办地点：上海新国际博览中心

举办时间：每年10月15日—17日

适用人群：玩具参展商、玩具设计师、玩具行业从业人员。

（3）中国进出口商品交易会（即广州交易会）

主办单位：中华人民共和国商务部、广东省人民政府

承办单位：中国对外贸易中心

举办地址：广州市海珠区阅江中路382号琶洲国际会展中心

春季开展时间：每年4月15日—5月5日

秋季开展时间：每年10月15日—11月4日

参展范围：广交会现在分三期举行，每期都有不同的参展范围，玩具、礼品等，一般在第二期进行展览。

适用人群：玩具参展商、玩具设计师、玩具行业从业人员。

（4）广州童车及婴童用品展

主办单位：广东省玩具协会、广州力通展览有限公司

举办地点：广州市

举办时间：每年4月8日—4月10日

展出婴儿推车、学步车、儿童三轮车、儿童电瓶车、童床、安全座椅等和各类婴童用品。

适用人群：玩具参展商、玩具设计师、玩具行业从业人员。

（5）广州国际玩具及模型展览会

主办单位：广东省玩具协会、广东玩具文化经济发展研究会

举办时间：每年4月8日—10日

举办地点：广州保利世贸博览馆（地址：琶洲广交会新址）1、2、3、4号展馆

展品类别：电子电动玩具、塑料玩具、布毛绒玩具、娃娃玩具、充气玩具、木制玩具、纸品玩具、学习机、游乐设施、童车、童床、玩具、模型配套产品、动漫形象授权、飞机、舰船、汽车模型、各种仿真动态、静态模型。

适用人群：玩具参展商、玩具销售商、玩具设计师、玩具行业从业人员。

（6）香港国际婴儿用品展

主办单位：香港贸发局

举办地点：香港会议展览中心

举办时间：每年1月9日—12日

展品范围：婴儿手推车、安全座椅及相关产品；婴儿服装、

鞋帽；护肤及淋浴产品；育婴产品；儿童家具；玩具及游戏用品；婴儿礼品及纪念品；孕妇用品等。糖果玩具、童车、沙滩车、球类及高尔夫球用品、自行车及极限运动用品、露营及健身（美）器材、游泳、潜水、钓鱼及水上运动用品等。

适用人群：玩具参展商、玩具销售商、玩具设计师、玩具行业从业人员。

2. 国外玩具展会介绍

（1）日本东京国际玩具展览会

主办单位：日本玩具协会

举办地点：东京国际展示场西区1～4号馆

举办时间：每年6月16日—19日

展品范围：

玩具类——男孩玩具、女孩玩具、毛绒玩具

儿童用品——童车、儿童文具、儿童服饰及其他儿童用品

模型类——车模型、飞机模型、船模、电池等

游戏类——拼图游戏、电动游戏、电视游戏、成人游戏等

游戏设备——大型游戏机以及电脑、声像等相关游戏设备

展会介绍：日本东京国际玩具展是从1962年开始，由日本玩具协会每年6月举办的国际性玩具展，至今已经举办了50届。它是日本国内规模最大、全球顶尖知名的玩具展览会。玩具展每年都会在6月中旬左右进行，一般为期4天，堪称全球最大最富有活力的玩具展，世界玩具发展的流行趋势均在这里发布。在这里，观众可以看到来自世界各地各种各样的新玩具，接触到世界主要的玩具供应商，因此，这个展会也是全球买家的不二选择。

适用人群：玩具参展商、玩具销售商、玩具设计师、玩具行业从业人员。

（2）美国纽约国际玩具博览会

主办单位：美国玩具协会

举办地点：纽约贾维茨会议中心

举办时间：每年2月12日—15日

展品范围：电动玩具、长毛绒填充玩具、益智玩具、户外玩具、木制玩具及饰品等。

展会介绍：纽约玩具博览会（全称American International Toy Fair）是美洲最大、世界三大玩具博览会之一。该展历史悠

久，展位面积3万余平方米，仅对专业观众开放。

（3）德国纽伦堡国际玩具博览会

主办单位：纽伦堡玩具展览公司

举办地点：德国纽伦堡展览中心

举办时间：每年2月1日—6日

展品范围：模型、儿童玩具、婴儿玩具、电动玩具、长毛绒填充玩具、益智玩具、户外运动玩具、木制玩具、节日饰品、焰火等。

展会介绍：德国纽伦堡玩具展自1949年始办以来，一直吸引着世界各地的玩具企业参展，是国际上展出规模最大，最知名的专业玩具类成交性展览会，每年举办一届，是世界玩具领域知名度高、影响力最广、参展人数最多的世界三大玩具展之一。

二、玩具行业相关网站

（1）国内部分玩具网站

中国玩具和婴童用品协会

中国玩具业网

中外玩具网

淘玩具网

慧聪玩具网

中国玩具网

中国制造网

阿里巴巴玩具

中国教玩具网

设计在线

玩具设计论坛

（2）国外部分玩具网站

乐高玩具公司

芭比娃娃

泰迪熊

反斗城

孩之宝

亚马逊网上书店中的toys and games（玩具和游戏）专栏

电子玩具网

三、玩具设计比赛

1. 中国玩具和婴童用品创意设计大赛

大赛背景：玩具在儿童全面发展中发挥非常重要的作用，为进一步促进我国儿童玩具自主设计和创新水平，中国玩具和婴童用品协会自2010年起，每年定期举办全国性的创意设计大赛，已成功举办两届。目前大赛已成为中国玩具和婴童用品行业最具权威和公正性的设计盛典。今年为扩大大赛的影响力和参与度，中国玩具和婴童用品协会、全国妇联儿童工作部决定共同举办主题为“启迪智慧 快乐成长”的（大圣杯）互动游戏类益智玩具创意设计大赛。

（1）主办单位

中国玩具和婴童用品协会、全国妇联儿童工作部

（2）参赛对象

① 院校师生：玩具及相关设计专业。

② 设计师：企业及设计公司设计师。

③ 个人爱好者：对设计有兴趣和热情的各界社会人士。

注：参赛者可以个人参赛或小组参赛，小组参赛人数不超过3人，作品数不限。

2. 中国（永嘉）“立本杯”游乐玩具创意设计大赛

大赛背景：为了提升“中国教玩具之都”——浙江温州永嘉县的品牌地位和创新能力，展现产品创新的新思路与新概念，提升永嘉游乐玩具产业的科技含量，促进永嘉县经济转型发展，永嘉县人民政府举办“中国（永嘉）‘立本杯’游乐玩具创意设计大赛”。大赛注重产品创新及产业化，以提高永嘉县游乐玩具产业的科技附加值和市场竞争力，提升永嘉县的自主创新能力。

（1）大赛主题

设计推动产业升级。

（2）设计内容

分项一，大型儿童游乐玩具。分项二，桌面玩具，包括幼儿园桌面玩具、桌面游戏玩具、桌面课程玩教具（数学、语言、逻辑等）

（3）主办单位

教育部高等学校工业设计专业教学指导分委员会、浙江省文化产业促进会、永嘉县人民政府

（4）时间安排

① 大赛通知发布、海报发放与媒体宣传：每年9月

② 设计方案投稿截止日期：每年12月31日

③ 初评：每年1月上旬

④ 终评：每年3月中旬

⑤ 颁奖、获奖及入围作品展览：每年3月（具体时间另行通知）

3. 东莞杯国际工业设计大赛

东莞杯国际工业设计大赛从2005年起每年定期在制造业名城广东省东莞市举办，是国内知名度最高的大型工业设计竞赛活动之一。该项赛事由广东省东莞市人民政府和中国工业设计协会联合主办，东莞市科学技术局、东莞市经济和信息化局、东莞市知识产权局、广东工业大学和广东华南工业设计院具体承办，以原广东省佟星副省长专门为“东莞杯”题的“设计创新潮起东莞”为主题，关注创新，以人为本，广泛集聚优质设计资源，促进本地企业自主创新，推动区域产业转型升级。

“东莞杯”分公开组和企业组两大参赛类别，主要面向国内外设计机构设计师、大专院校设计专业师生和东莞市企业开展工业设计作品征集、评审工作，以及举办优秀工业设计作品展示、产业化推介和高级工业设计研修班、工业设计高峰论坛等系列配套活动。

（1）参赛对象

根据参赛对象不同分为两组，以设计师个人名义参赛的为公开组，以企业名义参赛的为企业组。

① 公开组参赛对象为：a. 国内外高校设计专业的教师和学生；b. 设计公司或企业的设计人员；c. 其他工业设计爱好者。

② 企业组参赛对象：东莞企业。

（2）参赛作品征集内容 a. 电子信息类产品设计；b. 家居类产品设计；c. 玩具类产品设计

（3）活动日程

a. 作品提交截止：每年9月15日

b. 初评：每年9月22日

c. 复评：每年9月28日

d. 终评：每年10月31日

e. 颁奖典礼：每年11月2日

四、国家和地方大型玩具协会

1. 中国玩具和婴童用品协会

中国玩具协会成立于1986年，经国务院国有资产监督管理委员会和民政部批准，2011年6月24日起正式更名为中国玩具和婴童用品协会，是中国唯一的全国性玩具和婴童用品行业社团组织，是中国政府指定的中国玩具行业在国际玩具工业理事会的唯一合法代表，同时也是政府、企业、媒体和消费者认可的中国玩具和婴童用品行业的代言人。

中国玩具和婴童用品协会会员包括在中国境内从事玩具、模型、婴儿用品和游戏的生产、销售、设计、检验、教育等相关业务的跨地区和跨部门的各类企业。

协会日常工作管理由会长和秘书处负责，秘书处设在北京。

协会宗旨：在政府主管部门的领导下，为会员提供多方位的服务，促进中国玩具和婴童用品行业的发展，繁荣中国玩具和婴童用品事业。

2. 广东省玩具协会

广东省玩具协会成立于1988年，是由广东地区从事玩具生产、科研、教育、经营、销售的企事业单位、社会团体组成的跨行业社团组织。经过20多年的发展，该协会目前已成为国内同行业中最具实力、凝聚力和影响力的行业组织之一，被评为“广东省先进民间组织”。

协会自成立以来积极发挥企业与政府之间的桥梁和纽带作用，及时反映会员和企业的呼声，帮助企业解决存在的问题；积极开展行业的调研，为政府制定相关政策提供依据；根据形势发展，组织制订了本行业中长期和近期发展规划，推进规划的落实，并努力做好新材料、新技术、新工艺、新设备的推广和应用。

广东省玩具协会与广东玩具文化经济发展研究会相互贯通，发挥各自的特点与优势，互补性地开展工作，积极为企业提供国内外有关玩具生产和市场信息，提供生产营销、企业管理等培训，以及为业界拓展国内外市场提供机会，组织举办展览会。

3. 江苏省玩具协会

江苏省玩具协会成立于1995年5月，是中国玩具协会副理事长单位。

该协会顾问单位是江苏省经济贸易委员会、江苏省对外经济贸易合作厅、江苏出入境检验检疫局、江苏质量技术监督局、南京海关等部门。

会员单位均为江苏省玩具研究开发、生产制造和经营贸易的骨干企业（含艺术院校及产业链、服务业）。协会下设布绒玩具、机电塑玩具、童车、玩具原辅材料、玩具配件等5个专业委员会。

五、玩具培训和职业资格考证

1. 玩具设计员（具备以下条件之一者）

（1）连续从事本职业工作2年以上，经本职业玩具设计员正规培训达到规定标准学时数，并取得结业证书。

（2）取得经劳动保障行政部门审核认定的、以中级（四级）技能为培养目标的中等以上职业学校本专业或相关专业毕业生，连续从事本职业工作1年以上。

（3）连续从事本职业工作4年以上。

2. 助理玩具设计师（具备以下条件之一者）

（1）取得本职业玩具设计员职业资格证书后，连续从事本职业工作2年以上，经本职业助理玩具设计师正规培训达到规定标准学时数，并取得结业证书。

（2）连续从事本职业工作6年以上，经本职业助理玩具设计师正规培训达到规定标准学时数，并取得结业证书。

（3）取得本专业或相关专业大学专科以上毕业证书，连续从事本职业工作2年以上，经本职业助理玩具设计师正规培训达到规定标准学时数，并取得结业证书。

（4）取得高级技工学校或经劳动保障行政部门审核认定的、以高级（三级）技能为培养目标的高等职业学校本专业或相关专业毕业证书。

3. 玩具设计师（具备以下条件之一者）

（1）取得本职业助理玩具设计师职业资格证书后，连续从事本职业工作3年以上，经本职业玩具设计师正规培训达到规定标准学时数，并取得结业证书。

（2）连续从事本职业工作10年以上，经本职业玩具设计师正规培训达到规定标准学时数，并取得结业证书。

（3）取得本专业或相关专业大学本科毕业证书，连续从事本职业工作4年以上，或取得本专业或相关专业大学专科毕业证书，连续从事本职业工作6年以上，经本职业玩具设计师正规培训达到规定标准学时数，并取得结业证书。

（4）取得本专业或相关专业硕士学位证书，连续从事本职业工作1年以上，经本职业玩具设计师正规培训达到规定标准学时数，并取得结业证书。

4. 高级玩具设计师（具备以下条件之一者）

（1）取得本职业玩具设计师职业资格证书后，连续从事本职业工作3年以上，经本职业高级玩具设计师正规培训达到规定标准学时数，并取得结业证书。

（2）连续从事本职业工作14年以上，经本职业玩具设计师正规培训达到规定标准学时数，并取得结业证书。

（3）取得本专业或相关专业大学本科毕业证书，连续从事本职业工作8年以上，或取得本专业或相关专业大学专科毕业证书，连续从事本职业工作10年以上，经本职业高级玩具设计师正规培训达到规定标准学时数，并取得结业证书。

（4）取得本专业或相关专业硕士学位证书，连续从事本职业工作5年以上，经本职业高级玩具设计师正规培训达到规定标准学时数，并取得结业证书。

5. 鉴定方法

分为理论知识考试和专业能力考核。理论知识考试采用闭卷笔试方式，专业能力考核采用现场操作和上机考试相结合的方式进行。理论知识考试和专业能力考核均实行百分制，成绩皆达到60分以上者为合格。

玩具设计师、高级玩具设计师还须进行综合评审。

6. 考评人员和考生配比

理论知识考评人员与考生的比例为1:15，每个标准教室不少于2名考评人员；专业能力考核考评员与考生的配比为1:5，且不少于3名考评员。综合评审委员不少于5人。

7. 鉴定时间

各等级理论知识考试时间不少于90min；玩具设计员和助理玩具设计师的专业能力考核时间不少于120min，玩具设计师和高级玩具设计师专业能力考核时间不少于150min。综合评审时间不少于30min。

8. 鉴定场所设备

理论知识考试在标准教室进行，专业能力考核在具有必备设备和工具的现场进行，设备应包括计算机及相应的玩具设计软件、扫描仪、打印机等设备。

参考文献

1. 梁梅等. 玩具设计师（系列）［M］. 北京：中国劳动社会保障出版社，2006.
2. 李龙生. 中国工艺美术史［M］. 合肥：安徽美术出版社，2000.
3. 樊超然. 工业设计概论［M］. 武汉：华中科技大学出版社，2005.
4. 张峻霞. 工业设计概论［M］. 北京：海洋出版社，2008.
5. 李珠志等. 玩具造型设计［M］. 北京：化学工业出版社，2007.
6. 尹定邦. 设计学概论［M］. 长沙：湖南科技出版社，2004.
7. 张剑等. 玩具设计［M］. 上海：上海人民美术出版社，2003.
8. 徐凌志. 现代布绒玩具设计［M］. 南京：南京出版社，2003.
9. 靳桂芳. 机动玩具设计原理与实例［M］. 北京：化学工业出版社，2005.
10. 张琲，王洪阁. 玩具与创新设计［M］. 北京：化学工业出版社，2006.
11. 王连海. 玩具之旅［M］. 北京：中国旅游出版社，2006.
12. 何晓佑. 产品设计程序与方法［M］. 北京：中国轻工业出版社，2004.
13. 薛保华 等. 设计概论［M］. 武汉：华中科技大学出版社，2009.
14. 黄毓瑜. 现代工业设计概论［M］. 北京：化学工业出版社，2004.
15. 王明旨. 产品设计［M］. 杭州：中国美术学院出版社，1999.
16. 黄良辅，段祥根. 工业设计［M］. 北京：中国轻工业出版社，1996.
17. 胡琳. 工业产品设计概论［M］. 北京：高等教育出版社，2006.
18. 刘涛. 工业设计概论［M］. 北京：冶金出版社，2006.
19. 魏小红，刘子建. 工业设计与文化之间的关系研究［J］. 包装工程，2006.
20. 夏洁. 从流行文化角度看平台玩具设计［J］. 装饰，2009.
21. 杨君顺，沈浩等. 设计管理模式的探讨［J］. 陕西科技大学学报，2003，2.
22. 杨晓强. 我国动漫产业与玩具结合发展思考［J］. 电影文学，2007，8-57.
23. 刘羽. 成人玩具开发设计分析［J］. 机械管理开发，2007（2）.
24. 王美艳. 论全球化进程中的动漫设计［J］. 装饰，2010（4）.
25. 邹樵，李家业. 产业链分工下我国玩具业的国际竞争力分析［J］. 现代商业，2011（21）.
26. 程能林. 工业设计概论［M］. 北京：机械工业出版社，2006.
27. 仲玉凯. 玩具品质与设计指引［M］. 北京：化学工业出版社，2005.
28. 曹洋. 玩具造型设计［M］. 南京：南京师范大学出版社，2009.
29. 赵世勇. 创意思维［M］. 天津：天津大学出版社，2008.

30. 肖恩怀特. 玩具设计师［M］. 沈阳：辽宁科学技术出版社，2010.
31. 孙峰，吕江. 卡通玩具设计［M］. 南京：江苏美术出版社，2006.
32. 吕江. 卡通产品设计［M］. 南京：东南大学出版社，2005.
33. 冉达，杨晨，邹跃. 玩具创意［M］. 南京：南京师范大学出版社，2010.
34. 李国庆. 玩偶私囊［M］. 重庆：重庆出版社，2008.
35. 李墨谦，薛燕平. 世界玩具经典:公司·历史·大师［M］. 北京：中国传媒大学出版社，2010.
36. 卢飞跃，薛小伟. 塑料玩具制造工艺［M］. 北京：化学工业出版社，2010.
37. 靳桂芳. 玩具机构设计攻略［M］. 北京：化学工业出版社，2010.
38. 甘庆军，刘志锋. 玩具外形设计与制作［M］. 西安：西安电子科技大学出版社，2011.
39. 渠川钰，李国斌. 玩具机构设计与应用［M］. 北京：化学工业出版社，2009.
40. 于子明，李朝青. 电子玩具设计与制作［M］. 天津：天津科技翻译出版公司，2009.
41. 王为群，布绒玩具制作技术［M］. 北京：中国劳动社会保障出版社，2007.
42. 张福昌，现代设计概论［M］. 武汉：华中科技大学出版社，2007.
43. 许平. 玩具生产与工业设计漫谈［DB/OL］. http://www.jsact.cn/show.aspx，2004-01-03.
44. 孙琳，孙莉. 浅谈中国动漫玩具［J］. 艺术与设计（理论），2011（1），210-211.
45. 悟原. 二〇一一年玩具市场流行趋势展望［DB/OL］. http://news.hexun.com/2011-01-12/126752534.html，2011-01-12.

后　记

由中国轻工业出版社牵头组建了玩具设计与制造专业教材编委会，开展高等教育玩具设计与制造专业系列规划教材已经有4个年头了，2009年在广州召开“玩具设计与制造专业系列规划教材”研讨会时我们接到了该书的编写任务，当时我们怀着忐忑的心情接下了《玩具设计表现技法——手绘》和《玩具设计概论》两本教材的编写任务，尤其是《玩具设计概论》这本教材给我们的压力特别大，作为“80后”的年轻讲师编写概论实在是蚊力负山。在浙江师范大学周平教授和广州番禺职业技术学院卢飞跃教授的鼓励下，我们坚定了编写此书的信心。目前看来，勇于承担重任并非坏事，让我们学会了做学术研究一定要稳得住、细致、耐心。为此，我们要特别地感谢中国轻工业出版社的李建华老师、浙江师范大学的周平教授和广东番禺职业技术学院卢飞跃教授。

在本书的编写过程中，感谢天津科技大学的孙莉教授的辛勤指导，感谢湖北工程学院美术与设计学院的同事们给予的大力支持，感谢所有支持本书编写工作的各位朋友。

为了保证本书的编写质量，我们的编写能力又不够强，我们引用了参考文献和无法在参考文献中列出的互联网上的内容和图片，由于我们自身的局限性，没能够在书籍印刷前联系到图片的作者和部分文献的作者，请谅解！我在此向作者表示衷心的感谢！

请各位专家和读者给我们指出不足，以便于我们再版时能有一个崭新的面貌。

感谢！

作者

2013年1月